人工智能与大数据研究

王　辉　贺国平　窦桂琴　著

哈尔滨出版社
HARBIN PUBLISHING HOUSE

图书在版编目（CIP）数据

人工智能与大数据研究 / 王辉，贺国平，窦桂琴著.
哈尔滨：哈尔滨出版社，2024.9. -- ISBN 978-7-5484-
8177-5

Ⅰ. TP18；TP274 中国国家版本馆 CIP 数据核字第 20249LV419 号

书　　名：人工智能与大数据研究
　　　　　RENGONG ZHINENG YU DASHUJU YANJIU
作　　者：王　辉　贺国平　窦桂琴　著
责任编辑：刘　硕
封面设计：赵庆旸
出版发行：哈尔滨出版社（Harbin Publishing House）
社　　址：哈尔滨市香坊区泰山路 82-9 号　　邮编：150090
经　　销：全国新华书店
印　　刷：北京鑫益晖印刷有限公司
网　　址：www. hrbcbs. com
E - mail：hrbcbs@yeah. net
编辑版权热线：（0451）87900271　87900272
销售热线：（0451）87900202　87900203
开　　本：787mm×1092mm　1/16　印张：9.75　字数：214 千字
版　　次：2024 年 9 月第 1 版
印　　次：2024 年 9 月第 1 次印刷
书　　号：ISBN 978-7-5484-8177-5
定　　价：48.00 元
凡购本社图书发现印装错误，请与本社印制部联系调换。
服务热线：（0451）87900279

前　　言

随着大数据时代的来临，数据规模急剧膨胀，这驱动企业加速构建数据平台并推进数字化转型。然而，确保企业 IT 安全，维护大数据的完整性、可用性及保密性，防范信息泄露与非法篡改，已成为社会各界关注的焦点。鉴于传统数据安全技术难以应对复杂多变的数据威胁，人工智能技术凭借其智能化与高效性迅速崛起，并被广泛应用于大数据安全领域。这一融合显著提升了数据安全性，有效降低了数据安全风险，为企业的数字化转型保驾护航。

本书深入剖析了人工智能的逻辑推理、智能搜索技术、机器学习等核心技术，并详尽阐述了大数据的处理技术。最后，书中展望了大数据与人工智能在各行各业的广泛应用前景，以及对未来科技与社会发展的深远影响。本书不仅为人工智能与大数据技术的初学者提供宝贵的入门指南，也可作为行业准从业者、AI 投资专家及专业研究人员的参考书，共同推动科技与经济的蓬勃发展。

本书撰写过程中，参考了众多文献资料，无法尽数列举，在此向所有文献作者致以诚挚敬意。同时，鉴于时间与精力有限，书中或存疏漏与不足之处，我们衷心期待各位专家与读者不吝赐教，提出宝贵意见，助力我们不断优化完善。

目　　录

第一章

人工智能概述

第一节　智能的定义

一、智能的起源

　　智能，作为人类独有的综合能力，体现在对客观事物的细致观察、深刻记忆、精准分析、明智判断及目标导向的行动与高效解决实际问题的能力之中。这一特质既是自然界长期演化的结晶，也是人类社会劳动实践的宝贵成果，深刻彰显了人与其他生物的本质区别。

　　地球初生之时，尚无生命与智能之影。然而，所有物质所展现的反应特性，为智能的诞生奠定了物质基础。生命的智能之旅历经三次关键跨越：首先，从无生命物质的直接反应，到低等生物对外部环境变化的刺激感应性，这标志着自主反应能力的初步觉醒，超越了简单的物理化学反应，展现出趋利避害的自主性。其次，随着生物进化，感觉器官与神经系统的诞生，将反应提升至感觉与心理的层面，信息得以与刺激物间接关联，动物心理应运而生，标志着认知能力的深化。最后，从动物的感觉与心理迈向人类智能的飞跃，这一过程深刻烙印着社会劳动的印记。猿类通过劳动改造世界，语言的出现极大地增强了大脑的抽象思维能力，促使猿脑进化为人脑，其结构更为复杂，独具语言中枢与前额叶等区域，从而孕育出人类独有的高级智能形态。这一过程不仅是自然界的奇迹，更是社会文明进步的辉煌篇章。

二、智能的内涵

　　智能一词源自拉丁语，意指采集、汇集与选择。对于人类智能活动的内涵，人们普遍认为：在认知与改造世界的历程中，脑力劳动所展现出的综合能力。具体而言，这涵盖了通过感官接收并解析外界自然信息以认知环境的能力；运用大脑将感性认识升华为理性认识，进而分析、判断、推理事物规律，构建概念与方法，实施演绎归纳及决策的能力；通过持续学习不断丰富知识库与技能储备的自学能力；面对复杂多变环境灵活应变，实现自我适应的能力，以及前瞻预测、深刻洞察，结合联想、推理、判断与决策，驾驭事物发展变化的高阶智能。

智能展现出多元性,超越了传统智力观对语言和数理逻辑的狭隘界定。它涵盖了音乐、空间感知、肢体动作、人际交往等多个维度,这些方面对个体发展同样至关重要。智力本质上是个人解决问题或创造在文化背景下被认可价值产品的能力。因此,实际生活情境构成了智力展现的舞台,而解决实际问题是其最直接的表现形式。更进一步,能为自身文化贡献创新与服务,达到创新的高度,则是智力追求的至高境界。

深入智能的本质,科学家已从多维视角与方法切入,虽路径各异,但已就智能本质的若干核心要点达成广泛共识。

(一) 智能具有感知能力

智能活动植根于感知能力,此能力依托视觉、听觉、味觉、触觉与嗅觉等感官,尤以视觉与听觉为主导,分别捕获八成与一成以上的外界信息。人类大脑借此感知外界,获取前提知识,进而触发智能行为,故感知乃智能运作之基石。当前,机器视觉与机器听觉成为研究焦点,正是基于它们在信息获取中的核心地位。

(二) 智能具有记忆和思维能力

记忆与思维,缺一不可,共筑智能之基。记忆,如宝库般储存感官所得信息与思维创造之知;思维,则如匠人,对记忆之珍宝进行加工,通过分析、计算、比较、判断、推理、联想与决策,动态地获取知识并解决问题。逻辑思维与形象思维,作为思维之两翼,各有千秋,于不同情境中展现智慧之光。

逻辑思维,遵循逻辑法则的理性思考模式,它引领我们以抽象、间接且概括的方式深入探索并理解客观世界的奥秘。

形象思维,聚焦于客观现象,以感性形象为素材,意象为媒介,旨在指导创造具体形象化的实践活动,是直观而富有创造力的思维过程。

顿悟思维,是显意识与潜意识交织作用的智慧火花,瞬间照亮思维迷宫,引领发现与创新的道路。

表 1-1 为逻辑思维、形象思维与顿悟思维的各自特点及应用举例。

表 1-1　逻辑思维、形象思维与顿悟思维的各自特点及应用举例

思维种类	特　点	应用举例
逻辑思维	(1) 严格遵循逻辑规则进行推理。 (2) 思维过程呈现出清晰的线性发展路径。 (3) 易于转化为符号化、结构化的形式,便于理解和交流。 (4) 确保思维的严密性,提供对未来发展的逻辑预测,深化对事物的认知。	数学家在验证定理时,往往依赖于严谨的逻辑推理,进行周密而科学的论证,这一过程正是逻辑思维精髓的体现。

思维种类	特 点	应用举例
形象思维	(1) 主要依赖直觉与感觉形象构建思维框架。 (2) 非线性路径：思维过程不遵循常规线性轨迹，灵活多变。 (3) 非标准化形式：难以形式化，因对象与场合而异，形象联系规则不固定，难以直接套用统一模式。 (4) 即便信息不完整或发生变形，仍能得出相对满意的结论，展现出高度灵活性。	当人们对某一事物充满未知时，倾向于运用形象思维，通过假设与猜想构建初步认知框架，这些假设虽需后续论证，却为探索未知开辟了道路。
顿悟思维	(1) 灵感闪现往往不期而至，具有突发性特点。 (2) 其思维过程非线性且充满创新，同时伴随着一定的模糊性。 (3) 顿悟思维游走于形象思维与逻辑思维之间，其复杂度超越了单纯的形象思维。	面对难题久攻不下之际，灵感偶现，难题瞬间迎刃而解，这便是顿悟思维独特魅力的展现。

（三）智能具有学习能力、自适应能力及行为能力

智能涵盖了学习能力、自适应能力及行为能力三大核心要素。学习能力指个体通过教育、实践等方式主动或被动地丰富知识与技能的潜力；自适应能力则强调在不同环境条件下保持高效运作的韧性；而行为能力，作为智能的外在体现，涉及将信息转化为行动的能力。学习乃人类天性，无论自觉与否，我们持续从环境中汲取养分，增长智慧，以适应周遭变化。鉴于个体差异性，学习与适应能力亦不尽相同，这造就了多元智能格局。至于行为能力，它直接关联神经系统的健全运作，确保对外部刺激作出恰当反应，这是智能无故障运行的必要条件。

三、智能的本质

辩证唯物主义视角下，智能的生理本质根植于人脑与神经系统的生理运作之中，体现为复杂的心理活动；而其社会本质则在于个体在社会实践中对客观世界的能动反映与适应。

智能的生理本质根植于高度复杂的人脑物质系统，这一系统作为中枢，协同周围神经系统，构建起智能的生理基石。人体感官作为信息捕捉的前哨，将外界客观信息传递给大脑，大脑则担当起信息储存、分析及创新的重任。这一从信息输入到意识、思想输出的转换过程，是智能活动的核心，离开了人脑及其神经系统的精密协作，人类智能便无从谈起。

智能的社会本质深刻体现了其与社会实践的紧密相连。首先，人脑虽为智能之基，却需要社会实践中的信息输入方能点燃智能之火。其次，智能之光穿透表象迷雾，揭示事物本质与规律，这一过程离不开社会实践的磨砺与验证。再次，智能内置严谨的

逻辑架构与学习机制，使其能持续进化与适应。最后，智能不仅洞察现在，更预见未来，指导人类在社会实践中稳健前行，实现与世界的和谐共生。

第二节　人工智能的内涵

一、计算机与人工智能

计算机研发的初衷在于模拟人脑的计算与处理能力，以高效应对重复性任务。展望未来，计算机的功能将日益贴近人脑，展现更为接近人脑的智能化水平。

人类大脑，这一自然界的奇迹，被精妙地划分为左右半球，各自执掌着逻辑与艺术的领域。左脑，逻辑与计算的指挥官，擅长于条理分明的推理与存储；右脑，则是形象思维与创造力的源泉，音乐与绘画的灵感在此汇聚。若计算机能模拟此二元分工，并辅以协调机制，其思考能力或将逼近人脑。然而，智能的奥秘远不止于此。人脑之所以卓越，在于其无与伦比的自学习与自适应能力。面对突如其来的挑战，人脑能迅速调动过往经验，灵活应变，展现出"随机应变"的智慧。反观计算机，如 IBM 的"深思"与"深蓝"，虽在特定领域（如国际象棋）展现出超凡实力，但其背后离不开人类专家的精心调试与干预。一旦面对前所未有的棋局变化，缺乏自主应变能力的计算机便显得力不从心。这揭示了人工智能与人类智能之间的一道深刻鸿沟：前者虽能高效执行既定任务，却难以像人类那样从经验中学习、在未知中探索、在变化中创新。因此，未来人工智能的发展，不仅要追求功能的模拟，更要深入探索如何实现真正的自学习、自适应与自主创新能力，以期跨越这道鸿沟，向更加全面、智能的方向迈进。

人工智能领域的先驱深刻意识到，人类智能活动的复杂细节尚待揭晓，这一认知为人工智能作为计算机科学新兴分支的兴起奠定了基石。他们投身广泛的计算与计算描述方法的探索之中，旨在双管齐下：一方面致力于构建具备智能特性的人工制品；另一方面则不懈追求对智能本质的深刻理解。其核心信念在于，以人工智能程序为镜，可映照并诠释人类智能的奥秘。

人类的智能活动如影随形，贯穿于日常生活的方方面面。当计算机展现出执行如棋艺对弈、谜语解答等复杂任务的能力时，我们即认可其具备了一定程度的人工智能。以下棋为例，当前顶尖的计算机程序已达到了人类"专家"级棋手的水平，成为验证人工智能潜力的理想试验场。然而，即便这些程序能够高效搜索成千上万种棋局走法，其深度与广度仍不及顶尖的人类国际象棋大师。计算机程序的搜索策略，虽模仿了人类棋手前瞻数步的思维方式，却难以逾越一个关键障碍："向前看"并非制胜的全部。面对浩瀚如海的潜在走步，彻底搜索不仅耗时巨大，且未必导向胜利。相比之下，人类棋手能在未穷尽所有可能性的情况下，凭借直觉、经验与创新策略赢得比赛，这种能力至今仍难以被完全解析，它彰显了人类专家独有的、超越单纯计算与搜索的智慧之光。

简而言之，人工智能即通过计算机模拟与执行人类的智能活动。若无计算机这一载体的出现与发展，人工智能的广泛应用与实践便无从谈起。

二、人工智能与人类智能的本质区别

（一）二者的物质载体不同

在探讨智能的两种形态时，一个显著的区别在于它们的物质承载者不同：人类智能根植于复杂精妙的人脑之中，而人工智能则依托于高度发达的计算机系统，后者被视为对前者功能的模拟与延伸。

（二）二者的活动规律不同

人类智能与人工智能在活动规律上存在根本性差异：人脑遵循的是高等生物特有的高级神经活动规律，这一规律深植于生物学的复杂性与动态性之中；而计算机则严格遵循机械、物理及电子学的活动规律，其运作逻辑基于精确的计算与指令执行。这种差异超越了简单的程度之别，而是触及了两者本质属性的不同。

（三）二者的适应性不同

人类智能与人工智能在适应性方面展现出截然不同的特性：人类以其有目的、能动的智能活动，灵活应对外部环境的变迁，通过物质、能量与信息的交换，不断调整自身策略，展现出卓越的适应性。相比之下，人工智能则缺乏意识与目的，缺乏主观能动性，它严格遵循预设程序运行，仅能机械地模拟人类智力活动的表象，而无法深入理解其内涵，更不具备提出、研究及解决新问题的能力。这种差异凸显了两者在适应性层面的本质区别。

（四）二者的认知能力不同

人类智能与人工智能在认知能力上存在显著差异，这种差异不仅体现在纯粹的认知能力上，更贯穿于情感、情绪、意志及性格等多维度心理因素的交织作用中。人类智能是意识的多维体现，其认知活动的产生与形成是多种心理因素协同作用的结果。相反，人工智能主要聚焦于对人类认识能力中逻辑与理性成分的模拟，忽略了其他丰富的心理层面。进一步而言，人类心理活动的层次结构与计算机模拟之间存在显著不同。人类的认知架构自底层生理过程（如中枢神经系统、神经元及大脑活动）至中层初级信息处理，最终升华至高层思维策略，每一层级都承载着独特的心理功能。而计算机模拟则试图通过程序、语言及硬件等层级，分别对应并复刻人类的初级信息处理与高层思维决策过程。然而，研究的重点在于揭示高层思维决策与初级信息处理之间的深刻联系，并挑战用计算机程序精准模拟人类思维决策的高度，同时以计算机语言再现初级信息处理的精细流程，这一过程充满了挑战与探索的空间（图1-1）。

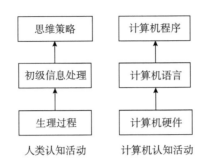

图 1-1　人类认知活动与计算机的比较

　　人类智能与人工智能之间形成了一种独特的互补关系：人类智能的局限恰恰凸显了人工智能在某些方面的卓越，而人工智能的局限又映衬出人类智能不可替代的优势。人类在质的层面，如深度思考、情感理解等方面超越机器；而机器则在处理海量数据、执行精确计算等量的方面展现优势。这种互补性推动了双方的共同发展。计算机与人工智能的诞生，正是源于对人类智能局限性的深刻洞察，以及对解决复杂科学难题和生产实践挑战的迫切需求。它们为人类智能的拓展开辟了新维度，不仅提供了更广阔的时间和空间视角，还激发了一个全新的创造领域。随着技术的飞跃，计算机应用的边界不断拓展，众多曾经专属于人类思维的领域，如专家系统、模式识别等，也开始融合人工智能的力量。然而，需明确的是，这种融合并不意味着计算机与人工智能将无限制地侵蚀人类智能的领地。断言计算机应用无技术界限，或人工智能能全面取代人类思维，是缺乏充分依据的乐观臆测。事实上，人类智能与人工智能各有其不可替代的核心价值，二者在相互借鉴与促进中共同演进，构成了当代科技与社会发展的双轮驱动。

三、人工智能的特点

（一）人工智能具有感知能力

　　人工智能的一大基础特性是其感知能力，这是模拟人类智能的起点。这种机器感知力求赋予智能设备以类似人类的感官体验，即通过视觉、听觉、触觉乃至嗅觉等多维度感知外界环境。基于此，一系列专项研究领域应运而生，其中自然语言处理领域尤为显著，其核心目标是增强智能机器的视觉与听觉感知精度，使它们能够准确理解人类的日常语言，进而实现流畅的人机交互，跨越语言障碍，促进智能设备与人类社会的深度融合。

（二）人工智能具有思维能力

　　人工智能的另一显著特性是其思维能力，这是智能系统超越简单信息存储与感知的关键所在。具备一定智能水平的系统不仅能够有效记忆与存储来自感官的外部信息，更能结合其内部知识库，对这些信息进行深度思维加工。这一加工过程复杂而精细，涉及多种核心技术的协同作用，包括知识表示、搜索策略、逻辑推理、归纳总结及联想创造等，这些技术共同模拟了人类思维的复杂机制，使智能系统能够像人类一样进行理性分析与创造性思考，展现出高度的智能思维活性。

（三）人工智能具有学习能力

学习能力是评估机器智能水平的关键指标之一，它赋予智能机器以类似于人类的自我提升能力。具备学习能力的智能机器能够自主地获取新知识、通过实践积累经验，并灵活适应外界环境的动态变化。这一特性促使研究人员深入探索各种机器学习方法，旨在模拟人类的学习机制，包括记忆学习（通过记忆巩固新知）、归纳学习（从具体实例中提炼一般规律）、发现学习（主动探索未知领域）、解释学习（理解并应用知识背后的原理）及联结学习（构建神经元之间的关联网络以实现复杂认知）等，这些方法共同推动了智能机器在学习领域的持续进步与突破。

（四）人工智能具有行为能力

人工智能的行为能力是其与外界环境交互的关键输出环节，与感知能力相对应，构成了智能系统输入与输出的完整闭环。行为能力使智能机器人或系统能够根据预设或实时获取的指令，执行具体任务，从而对外部世界产生积极影响。例如，智能机器人能够响应人类的操作指令，完成搬运、清洁等多样化任务；在智能控制领域，这一能力则体现为无须人工直接干预，通过整合先进技术与传统自动控制策略，自主实现目标系统的精确调控。这些应用场景充分展示了人工智能行为能力在提升自动化水平、增强系统自主决策能力方面的巨大潜力。

第三节　人工智能研究的意义

一、人工智能当前的核心研究目标

（一）人工智能与物联网的融合

当前人工智能领域的核心研究聚焦于深化机器智能，旨在赋予现有计算机系统更高级别的智能，使其能够灵活运用知识库解决复杂问题，模拟乃至超越人类的智能行为，从而在特定领域高效完成原本依赖人类复杂脑力劳动的任务。随着科技浪潮的推进，物联网作为一场前所未有的技术革新，正以前所未有的速度重塑世界。在此背景下，人工智能与物联网的深度融合成为新趋势，通过借鉴人脑的复杂模型与运作机制，进一步揭示并模拟人类思维的精妙之处。这一融合不仅拓宽了计算机处理信息的边界，更促使计算机能够在海量数据的滋养下，做出全面且富有洞见的智慧判断，开启智能时代的新篇章。

物联网的精髓在于智能化信息处理与应用，它构建起一个由无线射频传感器编织的网络，依托无线传输技术实现数据的自动流转，全程无须人工干预。这一技术革新极大地推动了传感器技术的进步，传感器如同人类的感官与触觉，持续不断地收集着各类声、光、压力、温度等信息，为物联网系统注入源源不断的数据活力。随着物联网应用规模的扩张，人们对数据存储与处理能力的需求激增，进而促进了云计算的蓬勃发展。云计算以其强大的计算与存储能力为核心，通过将数据托管于云端，为海量数据的高效处理提供了坚实保障。有趣的是，人类大脑同样擅长信息的计算与存储，这暗示了云计算在某种程度上已蕴含智能的火花。云计算不仅是人工智能的技术基石，也为人工智能的创新应用开辟了新路径；而人工智能则成为云计算不可或缺的支撑力量，两者相辅相成，共同推动着技术边界的拓展。物联网与云计算的紧密结合，虽已构建起一个强大的体系，但要实现更广泛的智能化应用，还需要智能机器的深度融入，三者融合共生，方能开启智能时代的新纪元。

展望未来，物联网将进化为一种具备自我调节能力的智能网络，旨在为用户提供前所未有的便捷与高效服务。这一愿景的实现的，关键在于将人工智能深度融入物联网体系，使之成为物联网的"智慧大脑"。物联网的蓬勃发展正迫切呼唤人工智能技术的赋能，通过借鉴物联网的数据采集与处理模式，结合先进的机器学习算法，人类将能够部署多个智能设备协同作业，显著提升问题解决能力，拓宽知识获取的边界，并促进更广泛的交流互动。

将智能设备作为数据处理枢纽嵌入网络，将促进智能设备与传感器的无缝协同，构建起一个动态平衡、高效运作的智能生态系统。在这样的系统中，人类将充分利用互联网的互联互通特性，实现数据的自由流动与共享，人脑的存储能力将不再局限于物理界限，而是借助网络联结得以无限延伸。同时，人脑的意识活动也将因之获得前所未有的发展空间，思维的广度与深度将得到极大拓展。

智能设备依托互联网的数据共享优势，将进一步简化工作流程，提升生活品质，使人类能够在更广阔的信息海洋中遨游，享受科技带来的无限便利。总之，物联网与人工智能的深度融合，将开启一个全新的智能时代，引领人类社会迈向更加智慧、高效、和谐的发展道路。

（二）人工智能模拟人脑意识的可能性

机器的构造基础在于由电子元件与线路交织而成的精密装置，这些装置依托软件程序，力图复刻人类思维的运作轨迹，但其运作本质是无意识的机械模拟，缺乏主观能动性。相比之下，人类智能的承载者是复杂多变的脑神经系统，其运作状态直接映射为神经信号，进而表达为意识活动。在这一过程中，意识通过语言、文字等信息载体被加工与传递，展现出人类智能的深邃与丰富。人类智能的疆域广阔，涵盖数学计算、逻辑推理与形象思维三大维度。人脑作为这一智能活动的舞台，其内部机制精妙绝伦，是社会实践漫长演化的结晶。尤为值得一提的是，尽管人脑的基本单元——神经元——在结构上遵循着某些共性规律，但在最细微之处，每个大脑的神经元布局与连接方式却独一无二，这种独特性正是人类智能多样性的源泉。

在人工智能领域的多元探索中，符号主义与联结主义两大学派对于机器与人类智能载体的理解存在显著差异。符号主义学派聚焦于知识作为认知基石，强调推理能力，但在面对不确定性时显得力不从心。而联结主义学派则主张神经元为思维之根本，认为通过解析人脑结构及信息处理机制，可实现智能模拟。然而，人类智能的复杂性远超单纯生理层面，它深受社会环境、实践经验等多重因素影响，是自然进化与社会实践的共同产物。符号主义的方法论，根植于人类社会文化的土壤，与自然演化的生物智能存在本质区别。相比之下，生物智能以细胞与信号为基石，电子硬件虽能模拟信号传输，却难以复制智能结构的精髓。神经网络虽在一定程度上弥补了符号运算的不足，但其当前成就仍局限于动物智能的模拟范畴，距离完全模拟人类抽象思维尚有遥远距离。联结主义学派虽看好神经网络在智能化进程中的潜力，但面对人脑这一由 10 ～14 个高度复杂神经元构成的网络，其现有模型与算法显得捉襟见肘。人脑不仅能处理可预测信息，更能灵活应对未来无数未知挑战，这是当前任何人造机器所无法企及的。在信号处理上，人脑凭借其卓越的感觉整合与模式识别能力，能够从纷繁复杂的环境信号中提炼出关键信息，这一点远非仅擅长计算与存储的计算机所能比拟。

人工智能，作为人类意识物化的一种体现，其本质是通过符号系统对人脑意识活动的外在表达与模拟。它依赖电子元件构建的机械物理装置，借助软件编程来复刻人类的思维流程，从而在形式上描摹出人类思维的轨迹。人工智能的终极追求在于提升主体的认知能力，拓展并强化人脑的智能边界，常通过复杂的逻辑算法或庞大的数据库来实现看似具备智力的功能，但实际应用中多局限于基础的逻辑识别与判断。在模拟人脑的路径上，存在两种主要策略：一是结构模拟，即尝试复制人脑的生理结构，制造类人脑机器人；二是功能模拟，鉴于人脑结构的极端复杂性，当前科技水平更倾向于从功能层面入手，模拟人脑的认知与行为特性。虽然人的意识活动与信息处理存在共通之处，这使得部分意识活动得以被机械化复制，但机器终究非人脑，意识与思维的深邃远非信息所能完全涵盖。即便机器在某些方面，尤其是数学计算的速度与精度上超越了人脑，这仍不足以证明其等同于人脑。智能机器仅是人类为替代部分简单思维活动而创造的工具，其模拟的思维活动仅触及人类思维的冰山一角。人脑细胞的复杂状态组合，其量级之庞大，远非当前所有计算机之和所能企及。因此，我们追求的是人工智能的发展，而非创造另一个"人"。智能机器缺乏自主选择的能力，无法参与自然界的自然选择过程，它仅仅是人类意志导向下的产物。计算机的数学计算能力虽为人工智能的起点，但在模拟人类复杂多变的智能行为方面，我们仍有着漫长的道路需要探索。

二、人工智能对哲学的影响

（一）人工智能对意识论的影响

1. 人工智能对意识论的推进

人工智能的兴起对意识论的深化与拓展具有深远影响，主要体现在两大方面，其进一步揭示了意识与物质，特别是人脑之间的复杂关系。

首先，人工智能的发展强化了意识作为人脑独特机能与属性的观念。人类意识的根源深植于人脑与神经系统的精妙构造，这一系统之复杂，堪称自然界之巅峰。人工智能，作为人类思维活动的模拟产物，其诞生与发展正是对人脑这一意识源泉的深刻致敬。通过智能机器的模拟，我们得以窥见意识的可探索性与可理解性，进一步证实了意识不仅是人脑的机能，更是其本质属性之一。这一过程不仅丰富了意识论的理论框架，也促使我们更加深入地探索人脑结构与功能之间的奥秘。

其次，人工智能的发展深化了我们对意识与物质相互作用原理的理解。意识作为对客观世界的主观反映，其内容与形式均蕴含深刻的哲学意涵。人工智能的出现，将原本内隐于人类意识器官中的意识活动外化为可观察、可分析的对象。这一过程不仅展现了意识对物质世界的能动作用，还揭示了意识如何通过技术手段实现对自身起源与运作机制的逆向探索。人工智能作为意识活动的物化形态，实际上是对人脑意识活动的一种外在模拟与反思，这种模拟与反思无疑加深了我们对于意识如何反作用于物质世界，特别是如何通过技术革新推动人类自我认知边界拓展的理解。

2. 人工智能对意识本质论的影响

人工智能的迅猛发展，虽在多个维度上模拟并扩展了人类智能的边界，但其对意识本质的理解并未构成根本性冲击。意识的本质，作为哲学探讨的恒久议题，根植于自然与社会的双重基础，是辩证唯物主义理论体系中的重要组成部分。现代科技的飞跃，尤其是计算机技术的兴起，为深入探究意识本质、人脑功能及意识反映特性提供了强有力的工具与理论支撑。

人类意识，作为自然界进化的高级产物，是主体在对象性活动中对客观世界的主观反映。它赋予人类克服挑战、适应环境并推动社会进步的能力。意识活动紧密关联于神经系统，是一种高级且社会化的生物反应形式，能够指导人类做出正确判断与行动。相比之下，人工智能虽能模拟人类思维的部分过程，但其本质仍是对人类智能活动的机械复制，缺乏意识的整体性、自主性与社会性。智能机器严格遵循预设程序执行任务，无法像人类那样灵活应对未知情境，更不具备自我反思与创造的能力。

因此，人工智能的发展并未触及意识本质的核心。它作为人类智慧的物化形态，始终从属于人类智能的范畴，是人类创造与应用的工具。人工智能的进步，更多是在技术层面拓宽了人类智能的应用场景，而非在哲学层面改变了意识的本质属性。人类意识作为自然界与社会实践的结晶，其独特性、复杂性与不可替代性，在人工智能的映衬下显得尤为鲜明。故而，人工智能的发展对意识本质论的影响是有限的，它强化了人类对自我意识的认知，而非对其本质构成挑战。

（二）人工智能对认识论的影响

1. 人工智能引起认识论的深化

人类的智能活动构建在主体、中介与客体的稳固架构之上，其中人类独享智能活动主体的核心地位。然而，人工智能的崛起促使我们重新审视这一传统主客体关系。

电子计算机的问世及其后续技术的革新，不仅深刻改变了认识主体所拥有的知识与理论结构，还引发了关于智能机是否已从辅助认知的工具进化为新兴主体的讨论。这一变革挑战了传统观念，促使我们深入反思在智能时代，认识主体、客体及实践活动的新面貌与定位。

人工智能的崛起显著强化了人类的认知能力，拓宽了认知的边界。从自然界的宏观至微观，人类探索的脚步从未停歇，而人工智能作为这一进程的最新成果，是人类自我认知深化的产物。它将人脑复杂思维活动的部分剥离并物化为计算机程序，模拟人脑运作过程，使思维本身成为人工智能研究的核心客体。这一变革促使主客体关系得以重塑，人脑与智能机器之间的对立思维映射出主体与客体界限的新拓展。基于对人脑思维规律的深入探索，人工智能研究不断推进，引领认知科学领域的革新，打破了传统认知框架。智能机器模拟思维的涌现过程，不仅为认识主体提供了新知，构建了更为丰富和深刻的理论架构，还极大提升了人类认知的广度与深度。人工智能与人类智能的交互共生，标志着人类智能发展迈入了一个前所未有的新阶段。

人工智能的兴起不仅极大地拓宽了人类的认知疆域，还深刻变革了我们的认知模式，将机器融入认知主体的范畴，部分替代了人脑的特定思维功能。在探索人脑思维奥秘的征途中，人工智能模拟人脑思维的方法成为一把钥匙，开启了认知科学的新纪元。智能机器融合了人类高级思维与逻辑推理，形成了超越人类局限的智能综合体，能够执行目前人类难以企及的任务。随着计算机与人脑的并行发展，人工智能在认知研究中引入了信息维度，将理性认知拆解为对信息的逻辑处理，有效弥补了人类思维的短板，并在此基础上强化了思维能力，促进了创造性思维的高阶发展。这一转变极大地提升了人类认识与改造世界的能力，激发了人类在智能发展道路上的无限创造力，引领我们步入一个认知范围更加广阔的新时代。

人工智能的崛起不仅显著提升了人类的认知能力，拓宽了认知视野，还通过与神经生理学、人脑科学等多学科的深度融合，促进了对人类自身更为客观全面的理解。这一进程加速了人类智能的发展步伐，同时赋予智能机器高效解决日常难题的能力。人工智能的诞生与发展标志着人类认知迈入深入探索主体本质的新阶段，计算机作为人工智能的基础工具，其性能与人脑思维在某些方面的共通性，为将人工智能研究成果应用于提升人类智能开辟了道路。人工智能不仅革新了认识方法，还催生了新颖的思维模式，深化了人类对认识论的理解，引领我们步入一个自我认知与智能发展的新纪元。

2. 人工智能扩大了认识论的研究范围

首先，人工智能作为认识主体的延伸，推动了人类认知边界的无限拓展与深化。随着客观世界的演进，人类对知识的渴求不断驱动着人工智能向更高层次发展，提出新要求，引领其持续进步。人工智能不仅拓宽了人类认知的疆域，增强了认识能力，还促进了认识对象的多样性，为人脑认识活动及大脑活动规律的研究引入了新颖理论与方法。社会实践与科技的双重驱动下，人类认知对象日益广泛，而人工智能则成为应对现实问题的强大技术支撑，其发展成果直接转化为认知领域的革新工具，强化了人类作为认知主体的器官功能，有效突破了人脑机制的固有限制。这一过程不仅促进了人类认识能力的飞跃，也持续拓宽了认识论的研究范畴，引领我们迈向认知革命的新纪元。

其次，人工智能作为主体拓展认知的得力工具与方法，深刻体现了马克思关于认识主体与客体的辩证关系。它不仅是有意识、有思维的人类在特定社会关系中的延伸，更是连接认识主体与客体的桥梁。随着科技进步，人工智能通过机械与电子装置模拟乃至超越人类智能，极大地增强了人类认识世界与改造世界的能力，实现了智力的飞跃与文明的进步。它不仅开辟了认知与实践的新领域，还为人类自我反思与大脑潜能开发提供了宝贵途径。科学技术的发展不仅赋予我们应对现实问题的技术手段，更塑造了新的思维方式与世界观，促进了信息获取与处理能力的普遍提升。相较于人脑记忆的易逝性，人工智能以其卓越的信息处理与存储能力，确保了认知活动的连续性与精准性，解决了人类智能难以触及的问题。因此，人工智能通过将人类智能物化于计算机之中，赋予了机器智能活动与问题解决的能力，从而有效延伸与拓展了人脑的认知边界。

在认知活动中，人工智能不仅充当了感官的延伸工具，更成为人脑思维的强大助力，引领中介系统发生深刻变革。这一突破极大地提升了人类的认知潜能，将我们的认知能力推向全新高度，同时拓宽了认识论的研究范围，开启了认知科学的新篇章。

三、人工智能对当今社会的影响

（一）在思想文化方面

在思想文化领域，科学思想已深深植根于现代文化的脉络之中，而人工智能作为这一进程中的关键力量，正悄然重塑着人类的思维范式与传统观念。科学思想不仅赋能人类更精准地洞察自然法则，还持续推动认知与自主能力的提升，引领实用技术革新，为社会积累了丰厚的精神财富。人工智能的演进，促进了问题解决经验的广泛交流，促进了语言表达的精炼与丰富，丰富了人类的文化休闲生活。教育领域亦迎来了深刻的变革，人工智能的融入催生了新颖的思维模式与教学模式，挑战并超越了传统的文化价值观，加速了人类文明的进步步伐。随着科技树的不断枝繁叶茂，人类摆脱迷信的桎梏，思想与文化水平迈上了新的台阶，展现出更加开放与理性的光辉未来。

（二）在经济利益方面

人工智能的开发与应用，不仅为人类创造了显著的经济效益，更为社会生产开辟了全新路径。通过持续探索与创新，人工智能激发新问题、催生新技术、驱动新设备研发，为社会生产的持续优化奠定了坚实的理论与技术支持，引领生产方式革新，推动社会生产体系不断完善。其全方位的方法与技术进步，显著提升了社会生产力水平，具体表现为产品与服务品质的飞跃。在信息科学理论与计算机网络技术广泛融入经济管理的当下，各生产力要素得以高效协同，社会生产效率实现跨越式增长，进一步凸显了科技对生产力发展的强大推动力。

1. 人工智能——新的生产要素

人工智能，作为新兴的生产要素，正逐步取代传统资本与劳动力在经济发展中的主导地位，尤其在发达国家经济体系中，其效应尤为显著。面对传统动力衰退的挑战，人工智能以其独特优势，突破了人力与资本的局限性，为经济持续繁荣开辟了新的源泉。在万物互联、数据爆炸的时代背景下，人工智能依托云计算、生物识别等先进技术，以深度学习为核心驱动力，在金融、医疗、自动驾驶等多个领域展现出广泛应用潜力，不仅创造了巨大的经济价值，还预示着一场由专业智能向通用智能跨越的产业革命即将到来。

这场革命的基石在于计算机的超级计算能力与大数据的蓬勃发展。超级计算机以其无与伦比的算力，成为深度神经网络训练的强大后盾，而深度学习技术则通过不断分析海量数据，实现自我优化与进化，构建起人工智能的自我学习与成长循环。在这一进程中，人工智能不仅加速了生产自动化，提升了生产效率，还促使劳动力从重复性劳动中解放出来，转向更具创造性和高附加值的工作领域。特别是对于制造业、交通等资本密集型行业而言，人工智能的融入更是带来了前所未有的变革机遇，众多工序的自动化升级，进一步推动了生产力的飞跃。

2. 人工智能经济红利

人工智能对经济的推动作用显著，其三大核心路径尤为关键：其一，通过"智能自动化"创造虚拟劳动力，大幅提升生产效能；其二，优化并增强现有劳动力的技能水平，同时促进物质资本的高效利用；其三，激发经济领域的创新活力，与过往技术革命相似，人工智能正逐步成为推动经济结构广泛转型的催化剂。其独特之处在于，其不仅能够以新颖方式执行既有任务，更开拓了前所未有的任务领域，引领经济体系向更高层次演进。

四、人工智能研究对未来发展的影响

随着技术的飞跃，人工智能步入黄金时期。历史经验昭示：基础设施的升级，尤其是数据、算力与算法的突破，是人工智能发展的关键驱动力，逐层推动至行业应用；游戏 AI 作为先锋，通过人机互动加深公众理解，加速普及进程。然而，人工智能虽在许多领域成就斐然，瓶颈亦不容忽视：视觉受自然条件制约，语音面临复杂环境挑战，自然语言处理则受限于理解深度与常识缺乏。总结而言，当前 AI 高度依赖高质量训练数据，长尾问题解决乏力，且多局限于特定场景，通用性不足。

展望未来，人们对人工智能的希望远不止于解决单一领域的小任务，而是追求通用型人工智能，能够跨领域、多维度地解决问题并做出精准判断。这要求机器既能通过感知与认知学习理解世界，将信息转化为抽象知识，快速吸纳人类智慧；又能借助强化学习在模拟环境中试错成长，持续优化自身知识库。实现这一目标，关键在于算法创新、学科交叉融合与整体优化，以突破人工智能在创造力、通用性及物理世界理解能力上的局限。

人工智能的基础设施将根植于互联网与物联网，它们成为智能生产的基石。算法层面，深度学习与强化学习携手云计算算力，创造智能生产的核心引擎。在此之上，无论是计算机视觉、自然语言处理、语音技术，还是游戏 AI、机器人等，均依托共通的数据、模型与算法框架，衍生出多元应用场景。然而，前行路上仍布满挑战，攻克这些难题，是人类稳步迈向通用人工智能的必由之路。

首先是从大数据到小数据。深度学习依赖海量标注数据，如无人车需街景标注，语音识别需文本语音配对，围棋则需高手棋谱。但大规模数据标注耗时耗力，长尾场景连基础数据收集都难。因此，研究焦点转向如何在数据稀缺情境下训练模型，探索无监督学习、自动生成数据等路径，其中生成对抗网络作为热门数据生成模型，正引领这一变革。

其次是从大模型到小模型。当前深度学习模型规模庞大，动辄数百兆至数十千兆字节，虽适应 PC 端运算，却严重制约移动端应用效能，如语音输入、翻译、图像滤镜等 App 表现受限。研究焦点转向模型精简，探索压缩技术与精巧设计，结合移动低功耗计算与云计算优势，力求在小模型上重现大模型性能，破解移动端应用瓶颈。

最后是从感知认知到理解决策。在感知与认知层面，如视觉与听觉处理，机器已展现卓越能力，尤其在静态任务中，其速度与精准度超越人类，成本更低。然而，面对动态决策任务，如围棋对弈、自动驾驶、股票投资等，机器需与环境持续互动，收集反馈以优化策略，这恰是强化学习的用武之地。强化学习依赖模拟环境作为训练场，因此，模拟器的研发亦成为关键研究方向，旨在推动机器从感知认知迈向理解决策的新高度。

第二章

大数据概述

第一节　大数据的基本概念

一、大数据的概念

（一）大数据的定义

21世纪，信息数据呈爆炸式增长，伴随着科技的飞跃，计算机数据处理能力也显著提升，深刻重塑了我们的生活方式、决策模式乃至哲学思考。关于大数据，这一互联网时代的标志性产物，人们对其定义尚未形成严格统一的共识，界限模糊。综合学界观点，我们可从狭义与广义两个维度进行阐述：狭义上，大数据聚焦于特定规模或特性的数据集；广义而言，大数据则涵盖了对海量、多样、高速增长数据的全面认知与应用。

1. 狭义的大数据

从狭义视角审视大数据，其核心定义聚焦于两个维度：一是数据工具论的视角，将大数据视为伴随认知活动产生的附属品，初期并未引起广泛关注；二是从数据体量出发，将其简单视为一种现象描述。当前，大数据定义虽未统一，但两大主流思想占据主导地位。研究机构强调，大数据需新处理模式赋能，以强化决策、洞察与流程优化能力，适应信息的海量、高增长与多样性。麦肯锡咨询公司则定义大数据为远超传统数据库处理能力的数据集合，特征包括海量规模、高速流转、多样类型及低价值密度。

2. 广义的大数据

我们对广义大数据的理解远不止于数量庞大这一单一维度，它蕴含着更深远的内涵与价值。"万物皆数据"的理念，作为广义大数据思想的先驱，虽受限于当时认知条件，仅停留在感性层面，却开创了以数字视角探索世界的先河。历史证明，这一思维模式的创造性逐渐被科学实践所验证。在科技与互联网日新月异的今天，数据已成为连接科学与技术的桥梁。广义大数据，即通过先进技术手段深入剖析海量数据集，挖掘其中蕴含的有价值信息，这一过程不仅体现了数据作为科学探索工具的重要性，也深化了我们对大数据时代的全面认知。

（二）大数据的分类

大数据广泛涵盖互联网数据、科研数据、感知数据与企业数据四大类。互联网数据源自网络活动，记录了用户行为、社交媒体互动等信息；科研数据则是科研过程中收集的实验、观测结果，是科学探索的基础；感知数据通过传感器等设备收集物理世界的信息，如环境监测、健康追踪等；企业数据则聚焦于企业运营中产生的各类业务数据，支撑管理决策与业务优化。这四类数据共同构成了大数据的丰富生态。

近年来，互联网数据，尤其是社交媒体数据，已成为大数据的主要源泉，这背后离不开科技的飞速进步。国际领先的互联网企业，如百度与谷歌，其数据规模已飙升至数千 PB 级别，同样，Facebook、亚马逊、雅虎及阿里巴巴，它们的数据量也纷纷突破百 PB 大关，共同彰显了大数据时代的蓬勃生机。

科研数据源自尖端仪器设备，这些设备以极高的计算速度与卓越性能著称，涵盖生物工程研究设备、粒子对撞机及天文望远镜等。以欧洲国际核子研究中心的大型强子对撞机为例，其满负荷运行时每秒即可生成 PB 级海量数据，这充分展示了科研数据在大数据时代的核心地位与巨大潜力。

移动互联网时代，基于位置的服务与移动平台感知功能应用日益普及，这促使感知数据与互联网数据日益交融，两者界限渐趋模糊。尽管如此，感知数据的体量依然庞大，其总量不容忽视，其甚至有望与社交媒体数据相媲美，共同构成大数据领域的重要组成部分。

企业数据类型纷繁复杂，不仅涵盖通过物联网收集的丰富感知数据，还广泛吸纳社交媒体数据作为外部数据的重要来源。在企业内部，数据结构多样，非结构化数据占据主导地位，从传统的电子邮件、文档文本，到如今的社交媒体内容、感知数据如音频、视频、图片及模拟信号等，构成了企业数据生态系统的多元面貌。

（三）大数据技术

大数据技术涵盖了大数据科学、大数据工程及大数据应用三大领域。大数据科学致力于在大数据网络迅猛发展与运营中探寻内在规律，验证大数据与社会活动间的复杂交织关系；大数据工程则聚焦于大数据系统的规划、建设与运营管理；而大数据应用则是将大数据技术融入现代生活各领域，实现具体实践与价值的转化。

大数据处理涉及大规模并行处理数据库、分布式文件系统、数据挖掘、云计算平台等多种技术，以应对海量数据的挑战。当前，开源与商用两大生态圈提供了丰富的分析工具，前者如 Hadoop HDFS、MapReduce、HBase 等，后者则涵盖一体机数据库、数据仓库及数据集市。相较于传统关系型数据库，处理大规模非结构化数据在时间和成本上均具挑战，因高效分析需依赖多机协作。大数据分析以其数据体量大、查询分析复杂著称，常与云计算紧密结合，以实现资源的灵活调配与高效利用。

大数据处理和存储技术的起源可追溯至军事需求，尤其在第二次世界大战期间，英国率先研发了处理大规模数据的机器。战后，美国则专注于将搜集到的海量情报信息数字化处理。随着计算机与互联网技术的兴起，大数据应用逐步拓展至解决实际问题的广泛领域。

大规模数据分析技术萌芽于社交网络，其广泛应用不仅拓宽了人们的思维边界，超越了单一数据处理设备的局限，更从根本上驱动了大数据技术的蓬勃发展。这一技术革新在教育、金融、医疗等多个领域展现出巨大潜力，推动了社会各行业的深刻变革。

二、大数据的基本特点

关于大数据的特征，学界普遍认可"3V"与"4V"两种描述框架。其中，"3V"强调数据规模大（Volume）、处理速度快（Velocity）及类型多样（Variety）；而"4V"则在此基础上增加了数据价值高（Value）这一维度，同时"Velocity"在"4V"中进一步被理解为数据的快速流转与动态体系。尽管角度略有差异，但两者在数据规模、处理速度及类型多样性上存在显著重叠，共同勾勒出大数据的核心特征。

（一）规模大

大数据时代的到来，伴随着智能化设备的普及，尤其是智能手机的广泛应用，各类数据呈现爆炸式增长态势。微信、微博、微直播等 App 不仅丰富了人们的日常生活，更成为数据增长的强大驱动力。相较于传统数据，大数据不仅在体量上占据绝对优势，其增长速度亦更为迅猛。

（二）快捷高效

大数据时代，数据的全生命周期——采集、存储、处理、传输均实现了智能化与网络化转型，数据源由人工采集转向自动生成。这一转变使得数据获取方式更加多元高效，如通过分析网站点击量洞悉网民兴趣，利用交通传感器数据判断路况，或借助银行信息系统掌握资金流向等。尤为关键的是，数据生成速度的惊人提升，要求我们必须实现数据的实时捕获与处理，以确保其时效价值得以最大化利用。

（三）类型多样

大数据时代，数据性质经历了深刻变革，非结构化数据的涌现成为显著特征。随着各类电子设备的普及，这些非结构化数据（如图像、声音、视频及位置信息等）相较于传统结构化数据，更能直观、细腻地反映事物的本质与特征。它们极大地丰富了数据维度，使得信息采集更加全面、生动，为深化事物认知提供了丰富的基础素材。

（四）数据客观真实

数据作为事物及其状态的忠实记录者，其真实性与客观性至关重要。小数据时代，数据收集依赖于观察、实验及问卷调查等手段，这些过程易受调查者主观意识影响，导致数据结果的客观真实性受到挑战。相比之下，大数据时代的数据采集与生成高度依赖电子设备，实现了自动化与智能化，遵循"先有数据，后有目的"的原则，有效避免了人为干预，从而在源头上保障了数据的客观真实，弥补了小数据时代调查方法的不足。

三、大数据思维及其引发的思维变革

计算机技术、信息科学及互联网的迅猛进步，全方位重塑了人类社会生产、科学探索乃至日常生活的思维模式。在此背景下，大数据思维应运而生，其形成根植于特定的时代与理论土壤。因此，深入剖析大数据思维的历史演化路径，对于准确把握大数据思维的本质与内涵，具有不可估量的价值。

（一）大数据思维的演化及特征

大数据思维的演化伴随着人类社会的发展历程，是其历史进步的必然产物。这一演化过程主要历经了两个关键阶段，每个阶段都标志着人类对数据认知与应用的深刻变革。

第一阶段为早期的大数据思维阶段。彼时，人类对世界的认知尚显单一直观，缺乏理性思考的能力。数据主要源自日常生产、狩猎活动，人们通过结绳、食物计数等原始方式记录信息。随着狩猎技术的进步，计数需求日益复杂，罗马数字系统应运而生。然而，阿拉伯数字以其简洁的书写形式和高效的十进制算法后来居上，逐步成为通用的数字语言，为数据的系统化记录与保存奠定了坚实基础。这一过程标志着大数据思维从简单直观向系统化、规范化的初步转型。

第二阶段聚焦于工业革命时期的大数据思维演变。18世纪60年代，第一次工业革命以蒸汽机的广泛应用为标志，开启了机械生产替代手工制造的新纪元，极大地推动了生产率与经济增长，同时也伴随着人口激增与信息交流的迫切需求。这一变革为后续的电气化第二次工业革命奠定了基础。摩斯电码的发明及电报系统的普及，革命性地缩短了人际沟通的距离，加速了信息的即时传递，使得每个人都能成为数据的创造者。这一时期，大规模的社会信息交互不仅为信息革命铺平了道路，也预示着数据量的稳步增长及其在社会生产中的日益渗透。随着互联网技术的兴起，数据量呈现稳定增长的态势，学界开始深入剖析数据的特征、发展规律及其对社会生产的影响，大数据思维逐渐走向成熟与系统化。

随着人与设备连接的日益紧密，互联网时代的全面到来，数据量呈爆炸式增长。鉴于人类学习能力的局限性，机器学习能力却借由计算机科学的进步不断飞跃，加之符号主义、联结主义、行为主义三大理论的兴起，人工智能逐步在科学舞台上崭露头角。AI技术的蓬勃发展为数据处理提供了坚实技术后盾，涵盖了数据采集、清洗到结果可视化的全过程，为复杂性认知科学研究铺设了技术基石。在此背景下，大数据思维应运而生，它贯穿于认知主体、对象、工具及技术平台之间，专注于数据挖掘与提取过程中的数据化思考方式。如果说互联网重塑了信息传播模式与速度，那么大数据思维则依托大数据技术，深入挖掘数据内在价值，展现了"更杂"（数据类型多样）、"更好"（处理效果优化）、"更多"（信息量倍增）的鲜明特征，正如舍恩伯格所精辟概括的那样。

"更杂"体现在数据数量的激增伴随着数据质量的参差不齐与无序状态。面对有限的数据需求，确保数据样本的质量与研究的精确性至关重要。尽管科技进步推动了数据处理技术的成熟，但数据的混沌本质难以根除。计算机虽具备强大的挖掘与分析能力，却难以全面捕捉数据对象的所有复杂性，因其始终处于动态变化中，空间结构边缘模糊。复杂数据对象的发展阶段交错，形态多变，进一步加剧了无序性。互联网环境本身的动态性与不规则性，使得人们处理大规模数据集时不再苛求绝对精确，转而接受一定程度的数据偏差与错误，这种微观层面的容错机制实则增强了人们宏观层面对认知对象的预判能力。

"更好"体现在大数据背景下，我们更倾向把握事物的表象而非深究"为何如此"。这一转变与古希腊哲学家探求本原、因果关系的传统形成对比。康德通过理性批判重构了因果性理论，确立了其在科学探索中的核心地位。然而，在大数据时代，技术允许我们宏观概览全体数据，虽不立即明了数据间的因果链，却能迅速捕捉数据间的相关关系。这种对相关性的深入剖析，为理解数据特征提供了新视角。若不满足于仅知"是什么"，研究者可在全面把握相关关系后，进一步探索数据背后隐藏的因果机制，从而深化对事物发展规律的认知。

"更多"则蕴含着对研究对象数据深度与广度的极致追求，旨在通过汇聚更全面的数据来深化对目标的理解。面对庞大复杂的数据集，我们需采取系统性视角，将大数据视为一个不可分割的整体系统，分析策略也随之转向从全局出发，对整体数据进行综合考量，以实现对研究对象全面而深入的洞察。

科学与技术的飞速发展，为哲学层面大数据思维分析方法的诞生提供了强大动力，这一新思维不仅成为人文社会科学等多领域研究的重要驱动力，还深刻影响着认知过程中的思维主体与客体。本质上，任何思维分析方法均根植于社会实践的土壤，唯有紧跟时代步伐，不断探索与总结经验，方能满足时代赋予的新需求，推动认知边界的不断拓展。

（二）大数据技术引发的哲学思维变革

大数据技术的迅猛崛起，深刻重塑了我们的认知观念与思维方式。科学认知不再仅仅依赖于过往经验或实验哲学的理论推导，而是转向对海量数据的深度挖掘，以萃取有价值的信息。这一过程对传统认知观念与思维方式构成了巨大挑战，促使人类的认知模式、思维框架乃至认知主体与客体的界定发生了翻天覆地的变化。

随着大数据、计算机科学与互联网技术的日新月异，计算机分析技术日臻完善，已成为一种成熟且独特的思维工具，它模拟并超越了人类思维的生理与感官界限，在记忆、分析等方面展现出非凡能力，通过信息的高效交换与传播助力人类攻克难题。在此背景下，认知主体悄然转型，由独立个体转变为个体与计算机深度融合的协作体，这一协作体不再孤立，而是趋向集体化、群体化的合作模式，成员间紧密配合，共同应对资源处理与整合的挑战，推动社会进步。同时，认知客体亦经历变革，由单一形态演变为多样、多层次、交叉的复杂体系，其内部结构失去平衡与有序，要求我们必须借助大数据的优势，摒弃传统片面、孤立的认知模式，以更加全面、动态的视角适应时代发展的需求。

大数据分析，本质上是一个信息深度剖析、系统归纳与综合处理的过程，要求我们采取全方位、开放性的思维方式来应对挑战。在传统小数据环境下，归纳与演绎是探寻事物规律的常用方法，但在大数据洪流中，这些方法正逐步与智能化分析手段融合，旨在挖掘并凸显价值数据的潜力，成为大数据技术的崭新追求。传统认知思维往往通过因果分析来揭示事物本质，但这种路径受限于其内在的不确定性，因直觉或假设驱动的因果推断可能缺乏坚实依据。大数据时代的到来，则为我们提供了验证与纠偏的契机。未来，大数据间的相关关系将频繁地揭示直觉因果的谬误，甚至挑战统计关系的直接因果解释力。虽然因果关系在科学发展中地位稳固，但在大数据思维的引领下，人们的关注点正逐渐从因果关系转向相关关系。数据世界充满了变量与关联，即便每个数据点看似独立，实则相互交织，共同编织成一张复杂的关系网。相关关系的核心在于量化数据值之间的数学联系，其强度直接反映了数据间变动的同步性。基于这一新视角，人类认知得以跨越因果框架的束缚，通过挖掘数据间的深层关联，开辟认知新境界，并在此过程中激发无限商业价值，推动社会与经济的创新发展。

第二节　大数据的社会价值

一、大数据与数字经济

（一）数字经济的商业模式与大数据扮演的角色

数字经济构成了大数据开发与应用的主战场，其中，大数据不仅是数字经济不可或缺的核心生产要素，更是驱动其持续创新与蓬勃发展的强劲引擎。

数字经济的主流商业模式是平台模式，其核心价值在于构建连接桥梁，促进多边利益相关者间的正向互动与反馈循环，进而实现盈利。以搜索引擎服务为例，该模式典型地展示了这一逻辑：其面向终端用户提供"免费"服务以吸引流量，同时通过"每次点击付费"的广告模式获取收入，形成互补的双赢局面。

平台式商业模式主要包含订阅型、广告型及接入型三种模式，其运行机制各具特色：

订阅型模式。此模式下，网络服务提供者直接向终端用户收费，提供如高清视频观看、体育节目直播等增值服务，无须第三方介入。用户通过支付订阅费用获得专属服务，确保了服务的持续性和高质量。

广告型模式。该模式涉及网络服务提供者、终端用户及广告主三方。网络服务提供者向终端用户提供免费服务，以吸引用户流量，并通过展示广告及收集用户数据作为间接收入来源。广告主则支付费用给网络服务提供者，以获取在平台上展示广告的机会，其常见于搜索引擎、社交媒体和电子商务平台。

接入型模式。此模式类似传统中介，网络服务提供者搭建平台，连接应用程序开发者、内容提供者与终端用户，形成生态系统。其盈利方式灵活，既可直接向终端用户收费，也可通过委托代理方式收取费用。尽管广告型模式在当前市场中占据主导地位，接入型模式凭借其促进多方共赢的能力，同样展现出巨大的发展潜力。

不同类型的平台式商业模式虽各有千秋，但核心均建立在直接网络效应与间接网络效应的基础之上。直接网络效应体现在终端用户间的相互作用上，而间接网络效应则关联着终端用户与广告主、内容提供者。鉴于终端用户对后者产生的网络效应更为显著，网络服务提供者普遍采用倾斜定价策略，即以免费或极低价格吸引终端用户，同时向广告主或内容提供者收取较高费用，通过交叉补贴机制维持平台盈利。这种市场格局下，"赢家通吃"的马太效应尤为突出，市场领先者往往能占据绝大多数份额，排挤竞争者。因此，网络服务提供者要取得商业成功，需双管齐下：一是通过卓越的产品与服务吸引并留住用户，巩固竞争优势；二是探索多元化盈利模式，如广告服务，以支撑高质量产品与服务的持续提供，形成良性循环。

在数字经济领域，数据不仅是燃料，更是驱动引擎，对于达成吸引用户与维持竞争优势这两大关键目标至关重要。各类互联网商业模式的核心，均在于吸引终端用户的注意力，其本质目标则聚焦于收集这些用户在使用产品或服务过程中产生的宝贵数据。大数据之所以成为网络服务提供者成功的关键，主要基于以下几点。

第一，网络服务提供者的数据获取与运用能力，直接关乎其产品或服务的质量，进而影响平台对终端用户及广告主、内容提供者的吸引力，这是决定其商业成功的首要条件。以搜索引擎为例，用户在使用谷歌、必应或百度等搜索工具时，期望获取的是高度个性化的信息，紧密贴合其兴趣或生活需求。例如，汽车爱好者搜索"捷豹"，期望得到的是汽车相关信息，而非动物信息；资深旅游爱好者搜索"凯旋门"，则不仅希望了解该地标的详情，还渴望获取巴黎旅游的全面资讯。搜索引擎的免费特性消除了价格因素对用户选择的直接影响，使得搜索结果的相关性与准确性成为用户最为关注的焦点。加之搜索引擎间的切换成本极低，用户对搜索结果的质量要求近乎苛刻，任何不满都可能导致用户立即转向其他平台。因此，对于网络服务提供者而言，持续优化数据应用能力，提升服务质量，是吸引并留住用户、构建竞争优势的关键所在。

第二，网络服务提供者通过精准利用数据提供个性化推送服务，或将其掌握的数据有偿转让、许可给第三方，以此获取丰厚收益，支撑平台的持续运营。这一过程直接体现了数据获取与利用对于网络服务提供者实现盈利目标的重要性，这是其商业成功的另一关键要素。在当前数字经济环境下，利用大数据进行精准广告投放与内容推送已成为行业主流，数据成为网络服务提供者不可或缺的盈利工具。以谷歌为例，其通过 Cookie 技术收集用户在谷歌产品、服务及合作网站上的行为数据，进而依托这些数据驱动 AdSense 广告平台，不仅帮助网站运营商实现广告精准投放，提高广告转化率，还有效避免了广告的重复展示，提升用户体验。此外，对外数据分享也是网络服务提供者的重要收入来源之一，他们将收集到的数据作为宝贵资源，出售给有需求的第三方，进一步挖掘数据的商业价值。

（二）数字经济的竞争特质：数据驱动型反馈回路

1. "用户反馈回路"

"用户反馈回路"构建了一个正反馈循环，其中网络服务提供者依托庞大的用户基数，持续收集并高效利用用户数据来优化其产品或服务，这些优化后的产品或服务又进一步吸引新用户加入，从而扩大用户群体，产生更多数据。这一过程不断迭代，形成一个良性循环，促使网络服务提供者能够不断收集新数据，并再次用于产品服务的持续改进中。

一般而言，"用户反馈回路"的存在使得中小网络服务提供者在与大型企业的竞争中处于不利地位，因前者受限于数据收集与利用能力，难以持续优化服务以匹敌后者的服务质量。然而，"用户反馈回路"的有效性建立在特定前提之上——服务质量高度依赖于数据收集与使用，这一假设需具体情况具体分析。实际上，多数情境下在线服务质量并非完全依赖于用户数据，这导致"用户反馈回路"难以形成或影响有限。此外，即便回路存在，若数据收集成本过高，其实际效应也可能微乎其微。

2. "货币化反馈回路"

"货币化反馈回路"聚焦于网络服务提供者如何利用数据收集与处理能力促进平台盈利。该回路的逻辑在于：网络服务提供者通过数据优化广告投放与内容推送服务，提升收入后，再将这些资金注入免费产品或服务的改进中，以此循环吸引更多用户与数据，形成一个正向的经济驱动闭环。

"货币化反馈回路"的作用机制环环相扣：更多用户生成更多数据，这些数据助力网络服务提供者优化算法，提升广告投放精准度，在按点击付费模式下直接促进盈利增长；随后，增加的收益被用于提升产品或服务质量，吸引更多用户，形成良性循环，随时间推移，用户规模持续扩大。

综上，"用户反馈回路"展现了用户、数据与服务质量的正反馈机制，而"货币化反馈回路"则强化了用户、数据与经营者盈利能力的关系。这两大回路共同作用下，搜索引擎、社交网络等市场趋于集中，领先者优势因"数据驱动型反馈回路"不断放大，可能筑高市场壁垒，削弱竞争。尤其随着 AI 的普及，这两大反馈回路对市场竞争格局的影响将更加显著，即便优势平台未采取反竞争行为，其市场地位亦将稳固并可能抑制竞争者的用户扩张。

二、大数据促进生态文明建设

（一）大数据助力国家生态治理能力的提升

"治理"与"管理"虽有一字之差，却深刻反映了从系统管理理念向系统治理、精准施策理念的转变。将大数据融入政府治理体系，不仅为精准施策提供了坚实的技术基石，更推动了国家治理策略从"管理"模式向"治理"模式的跨越性转型。

生态治理能力现代化，核心在于对政府生态治理的理念、模式、手段及内容进行全面革新。大数据作为新兴战略产业，正成为推动这一进程的关键力量。它深刻影响着政府的治理理念、模式、内容及手段，促进政府由传统管理向现代化治理转型，加速构建服务型政府，实现职能转变与机构、流程精简，从而全面提升生态治理能力。

1. 促进政府治理理念转型

大数据的融入正引领政府治理理念向现代化转型，这一过程标志着从传统社会向现代社会的深刻转变。大数据不仅满足了政府在宏观规划、监管及问责考核方面的迫切需求，还促使政府决策更加理性，依赖事实与数据，为生态治理科学决策提供了坚实的技术支撑。通过海量数据的收集与分析，政府能直观洞察治理中的短板，迅速应对环境治理挑战。大数据的量化特性，让生态治理动态一目了然，为政府决策提供科学翔实的数据基础，确保决策有据可依。同时，大数据的流动性、共享性与开放性推动了政府治理模式向开放化转型，促使政府紧跟时代步伐，加速职能转变，提升公共服务效能。这一转变体现了从"管理"到"治理"的深刻理念革新，要求政府在决策与服务中高效响应，注重数据的时效性，树立大数据观，强化数据治理意识，形成凡事以数据为依据的大数据思维，推动生态治理理念的全面升级。

2. 推动生态治理模式转型

传统样本数据因受限于"以最小数据获最大信息"的统计原则，其概率性特征在宏观层面尚能发挥一定作用，但在微观层面则显得力不从心，难以针对具体问题提供有效解决方案，尤其在应对生态挑战时，样本数据的宏观概括性往往掩盖了问题的本质，难以精准定位生态危机的主要矛盾，从而制约了政府制定科学治理策略的能力。相比之下，大数据以其信息的流动性和全面性，彻底打破了这一局限。大数据思维使政府能够从扁平化的信息束缚中解脱，以全局视角审视生态问题。更重要的是，大数据能够深入挖掘海量信息中的关键要素，精准捕捉事物发展的脉络，为政府提供了前所未有的洞察力，使其能够准确识别治理对象，明确生态治理的方向。基于此，政府可充分利用大数据的力量，实现生态治理的精准化，甚至能够根据特定需求量身定制个性化服务方案，这不仅提升了治理效率，也加速了服务型政府职能转变，推动了生态治理模式向更加智能化、个性化与高效化的方向转型。

3. 推动生态治理手段转型

传统的生态治理模式，过度依赖经验和权威，往往导致公众参与度低、决策过程不透明，且因缺乏数据支撑而显得实效性和科学性不足，投入产出比例失衡。相较之下，大数据技术的引入为生态治理带来了革命性的变化。大数据以其海量、多样、高速处理的能力，为政府提供了详尽且富有价值的信息资源，极大地丰富了决策依据，增强了决策的科学性和精准度。大数据不仅是技术创新的前沿阵地，更是政府实现智慧决策的关键工具。为了充分发挥大数据在提升国家治理现代化水平中的作用，我们必须建立健全大数据辅助决策机制，确保政府能够高效利用大数据资源，推动管理和社会治理模式的创新。这一过程中，大数据将助力政府实现决策过程的科学化、社会治理的精准化及公共服务的高效化，从根本上改变传统的治理模式，构建起以数据为驱动的新型生态治理体系。

4. 推动政府生态治理内容变革

层级结构下的信息传递模式，历经层层筛选与交接，不仅效率低下，且难以满足现代社会对高效与多元化的迫切需求。大数据技术的崛起，有效促进了信息的扁平化处理，使得政府能够实现对生态环境信息的即时、全面监控，极大地提升了监管效率与响应速度。这一变革促使政府通过构建信息平台，进一步加大了数据共享与开放的力度，让公众能够便捷地访问各类信息资源，增强了透明度与参与度。

大数据已成为政府生态治理能力提升的关键路径，它不仅成为治理创新的核心驱动力，还深刻影响着政府治理的方方面面，从理念更新到模式转型，再到内容丰富与手段创新，大数据无不在引领着政府治理体系的全面升级，共同推动着一个更加智慧、高效、透明的生态治理新时代的到来。

（二）大数据为生态评估提供科学而精准的支撑

在城市建设领域，为了直观、生动且科学地展现建设成就与政府工作绩效，管理部门巧妙构建了一系列指标体系。特别是在生态文明建设的成效评估上，这一做法尤为突出。通过深度融合大数据技术，管理部门能够精准筛选出最具代表性和影响力的指标，这些指标不仅全面反映了生态文明建设的真实面貌，还为城市发展的绩效评估提供了坚实、精确且高效的数据支撑。大数据技术的应用，确保了指标体系的科学性与有效性，为城市建设决策提供了有力参考，推动了城市治理现代化进程。

人类活动的广泛足迹在互联网上编织成一张庞大的数据网，这些痕迹经精心处理后，构筑了生态文明建设不可或缺的基础数据库。大数据的无处不在，为政府提供了洞察世界的新视角，它不仅揭示了事物发展的内在规律，为生态治理指明了方向，还促进了管理模式的精细化与治理策略的精准化，乃至催生了个性化服务的可能。此外，这海量而客观的数据资源，为构建公正、科学的生态文明建设量化指标体系奠定了坚实基础，使政府能够精准识别建设过程中面临的挑战，从而制定出行之有效的政策措施，持续优化治理效能，推动生态文明建设迈向新高度。

（三）大数据助推全民生态意识的养成

当前，全民生态意识尚显薄弱，公众对生态环境问题的认知普遍缺乏全面性和系统性，特别是在社会性、效益性及全局性视角上存在明显不足。生态认识的深化是生态意识觉醒的基石，只有当公众对生态问题有了充分的理解，他们才能在面对环境危机时产生强烈的忧患意识，进而自觉培养起生态意识。这种认识过程的核心在于理性思维的构建，确保公众在认知基础上能够形成稳固的生态价值观。

大数据技术的应用，以其直观的信息记录方式，有效促进了生态观念和意识的深入人心。它不仅唤醒了公众的生态保护意识，还通过广泛传播绿色生活理念，激发了全民参与的热情。这一过程不仅提升了公众的生态素养，还促进了个人发展与生态保护的双赢，向着"人与自然和谐共生"的美好愿景稳步迈进。

第三节 大数据的潜在风险

一、信息造假及恶意传播减弱社会信任

（一）信息造假及恶意传播

确保数据信息的真实有效是大数据发展的基石，其真实性直接关系信息采集的可靠性及后续大数据应用的广泛性和可信度。然而，现实生活中信息造假问题屡见不鲜，这主要有两大根源：一是部分信息生产者出于保护个人隐私、追求特定目的等考量，故意制造虚假信息，甚至盗用他人信息进行篡改和伪造；二是信息采集环节也面临挑战，部分采集人员可能因经济利益的诱惑或外部压力的干扰，擅自更改信息源，导致信息真伪难辨，严重损害了数据生态的纯净性。

大数据的蓬勃兴起，极大地加快了信息传播的速度，这种高速的信息流动不仅促进了各行业的繁荣，也推动了社会整体的进步。然而，信息传播的双刃剑特性亦不容忽视——其速度之快，一旦遭遇恶意利用，便可能引发连锁负面效应，后果难以估量。在信息社会，言论自由作为公民的基本权利得到广泛认可，但随着经济繁荣与国家发展，公民个体意识的觉醒也伴随着一定的随意性与个人主义倾向。在大数据构建的虚拟网络空间中，部分个体忽视道德约束，随意甚至恶意散布不实信息，这种行为不仅侵犯了他人的合法权益，也扰乱了网络秩序。尤为严重的是，一些企业或个人利用大数据技术的安全漏洞，出于利益驱动或个人情绪宣泄的目的，采取极端手段在网络上泄露他人隐私、散播虚假信息，严重损害了网络环境的健康与公信力。

（二）减弱社会信任

信息造假行为的泛滥，不仅是对宝贵信息资源的无端消耗，更深刻地侵蚀了人与人之间的信任基石，对社会秩序构成了潜在威胁，给社会诚信体系带来了沉重的打击。社会诚信，这一维系社会和谐与稳定的重要纽带，基于广泛认可的诚实守信原则与道德规范。然而，一些信息造假者却置社会公德于不顾，出于私利或追求网络热度的考量，肆意捏造、篡改社会关注度高、影响力大的数据，并掺杂个人偏激言论进行传播，这种行为极易引发网络暴力，对社会信任与传统道德观念造成不可估量的损害。更为严峻的是，大数据背景下信息传播的速度空前加快，而公众的辨别能力却参差不齐，这导致虚假信息极易被盲目跟风或二次篡改后继续恶意传播，形成恶性循环，这进一步加剧了社会信任危机。因此，加强信息监管、提升公众媒介素养、构建健康的信息生态环境，已成为当务之急。

此外，还存在个别信息主体出于特定目的，对大数据信息进行人为干预，将其调整为符合自身及公众期望的模样，从而误导公众认知。以高校毕业率与就业率为例，

这些信息往往是考生及家长选择学校的重要参考。某些高校为了吸引更多生源，可能利用大数据技术手段，进行就业数据造假、隐匿未毕业学生信息等，营造出一种就业前景光明的假象，实则误导了潜在学生的判断。类似情况也发生在商业领域，部分商家为了提升销量，不惜斥资购买正面评价或篡改负面反馈，让消费者仅能接触到产品的光鲜一面，这种信息不对称严重误导了消费者的购买决策。由于大数据信息的收集、分析乃至修改过程对公众而言是不透明的，公众往往只能被动接受呈现在眼前的数据结果，这为部分信息主体提供了可乘之机，他们利用这一信息不对称性，以实现自身利益最大化，这无形中削弱了公众对社会的整体信任度。这种信任危机，不仅损害了公众利益，也破坏了市场的公平竞争环境。

二、隐私窃取和泄露对他人人格的损害

（一）隐私窃取和泄露

在大数据时代，个人隐私安全面临着前所未有的挑战。不法分子利用大数据技术的安全漏洞，采取非法手段侵入个人信息存储介质（如手机、计算机、网站及各类个人信息注册软件），大肆窃取用户数据，并在黑市上进行交易或进行二次加工利用，严重侵犯了个人隐私权，同时也损害了受害者的经济利益。这些非法行为的具体表现形式多样，如在关键职业考试前夕，考生频繁接到兜售考试答案的骚扰电话；购房后，不断有装修公司来电推销服务；更有甚者，部分人群会频繁收到各类贷款推销电话或短信，不胜其扰。这些现象均凸显了在大数据环境下，加强个人信息保护、防范数据泄露与滥用的紧迫性。因此，建立健全个人信息安全保护机制，提升数据安全技术防护水平，严厉打击数据犯罪行为，已成为维护社会稳定、保障人民权益的必然要求。

隐私泄露，简而言之，是指未经信息主体授权或许可，通过不正当手段将个人敏感、机密、涉及自身利益且不愿公开的信息泄露给第三方的行为。这一现象可从两个维度来审视：一是自我隐私的主动或被动泄露。部分个体因缺乏自我保护意识，轻率地将个人信息透露给他人，这是主动泄露的一种表现。另一种则是被动泄露，常见于使用某些应用软件时，用户面临两难选择：要么授权软件读取个人信息以换取服务便利，要么放弃使用。许多用户为了获取软件提供的服务，不得不妥协，从而被动地泄露了个人隐私。二是他人隐私的非法获取与泄露。在大数据时代，信息共享的便捷性也带来了隐私泄露的风险。相比传统媒体，大数据时代获取他人信息更为容易，这促使一些人利用技术手段非法侵入他人隐私领域，获取并泄露他人敏感信息。在此过程中，信息主体往往难以有效掌控自己的个人信息，面临隐私被肆意泄露的困境。

（二）损害他人人格

隐私窃取与泄露，其后果远不止于经济利益的损失，更可能触及人格尊严的底线，造成深远的负面影响。以化名小蔡的女士为例，她的个人照片与信息被不法分子盗用，在社交平台上散布不良信息，这一行为不仅是对小蔡个人隐私的严重侵犯，更是对她名

誉的公然损害，给她的日常生活带来了极大的困扰与不便。此外，在一些金融场景中，个人及关联人的敏感信息（如家人、朋友及担保人的联系方式、住址、工作单位等）在贷款过程中被大量收集，这些信息一旦遭遇泄露，不仅会危及个人隐私安全，还可能波及无辜的第三方，形成连锁性的隐私泄露风险，对整个社交网络的稳定性构成威胁。因此，加强隐私保护，防范信息泄露，对于维护个人尊严、促进社会和谐具有重要意义。

第四节　大数据发展战略

一、大数据发展战略之风险治理战略

（一）深化大数据理念，创新社会风险治理思维模式

为有效提升我国社会风险治理效能，我们必须深刻融入并深化大数据思维，探索出既符合中国国情又独具创新的社会风险治理新路径。面对传统治理模式在应对深层次、根本性社会风险时的局限，我们应积极拥抱大数据技术的最新进展，以此为契机重塑社会风险治理的思维框架与操作策略。

具体而言，我们需在社会风险治理的全链条中强化大数据技术的应用意识，充分利用其强大的数据分析与预测能力，实现风险的早期预警与精准干预。我们应培养将数据化技术应用于复杂社会风险分析的能力，使预测社会矛盾、评估社会风险成为思维与行动的自觉。同时，推动社会风险治理理念的革新，挖掘并整合多方资源，构建风险防控的合作共治网络，确保数据开放、资源共享，形成协同治理、成果普惠的良好生态。

在此基础上，运用大数据思维深入剖析社会风险生成与演变的内在逻辑，创新风险评估模型、预警机制及防控策略，以科技力量驱动社会风险治理向更加智慧、高效的方向迈进。

（二）运用大数据挖掘技术，创新社会风险识别评估机制

随着大数据挖掘技术的日益精进、云计算能力的飞速发展及数据传输技术的革新，我们正步入一个能够深入洞察社会本质、预见风险的新时代。利用这些先进技术，我们能够提前在纷繁复杂的社会现象中抽丝剥茧，追溯社会风险的根源，精准把握风险因素及其演变规律，进而模拟风险路径，量化评估风险发生的概率与潜在危害，实现社会风险的精准识别与科学评估。

在社会治安领域，这一变革尤为显著。公安机关通过大数据挖掘技术，能够高效锁定异常行为个体，全面追踪其数据轨迹，实现违法犯罪行为的精准预判与实时监控。同时，构建违法犯罪人员动态数据库，运用关联分析技术，对特殊群体实施精细化管理。此外，针对治安事件高发区域，大数据助力优化巡逻路线与监控布局，动态调配警力资

源，提升应急响应速度。更值得一提的是，智能化的应急指挥系统依托大数据技术，实现了对社会治安隐患的快速预警与精准评估，为维护社会稳定提供了有力支撑。

在社会网络舆情管理方面，大数据同样展现出巨大潜力。通过深度挖掘互联网平台和 App 中的用户数据，我们可实时监测舆情动态，捕捉风险苗头。我们借助关联性分析，深入解读舆情走向，把握公众情绪与价值观变化，模拟舆情对现实社会的影响，为科学评估舆情态势提供依据。同时，建立全方位舆情监测体系，确保风险信息迅速传递至分析中心，并即时反馈至各治理主体，促进治理决策的科学性与前瞻性。这一系列创新举措，标志着社会治理在大数据驱动下正迈向更加精准、高效的新阶段。

（三）构建大数据共享平台，创新社会风险协同治理体系

构建统一的社会风险数据共享平台，是提升数据质量、促进信息交流、优化管理效率、确保应用安全的关键举措，对于有效防范化解社会风险、打破治理主体间的协作障碍、推动多领域合作共治具有重要意义。此平台应遵循公开、透明、共享、协作与安全的核心原则，依托大数据技术实现数据的模式识别与深度挖掘，成为国家大数据共享体系中不可或缺的一环。该平台应集数据收集、存储、处理与分析功能于一体，支持各方主体对社会风险相关数据进行全面整合与深度挖掘。通过这一平台，用户能够高效识别海量数据中的风险因素，深入分析风险成因及其演变规律，实现对社会风险的全程监控与精准预判。这不仅有助于提升决策的科学性与时效性，也为制定针对性的风险防控策略提供了坚实的数据基础。

社会风险数据共享平台的构建，标志着社会治理模式从传统分工导向向协同共享的重大转变。这一平台促使政府、企业、个人等多元主体在遵守法律法规的前提下，实现数据的开放与共享，各展所长，共同促进资源的优化配置与力量的高效聚合。该平台以数据为核心驱动力，精准对接社会风险的实际需求，通过深度分析数据特征，有效规避了主客观风险因素的干扰，打破了政府、企业、个人间的治理壁垒，促进了三者间信息的无缝对接与高效流通。在此基础上，社会风险治理体系得以重塑，各主体能够更迅速地识别社会风险因素，更高效地开展沟通协作。这一转变不仅提升了治理的敏捷性与精准度，也为构建政府主导、公众参与、多元协同的新型社会风险治理格局奠定了坚实基础。未来，随着平台功能的不断完善与应用的深入拓展，社会风险治理将更加智能化、精细化，为社会和谐稳定提供强有力的支撑。

二、大数据发展战略之信息安全战略

（一）加强技术保障

1. 确保信息基础设施安全

大数据的存储、流通与全球网络空间、互联网基础设施的稳固性直接关乎国家大数据安全体系的稳固。其中，国家关键信息基础设施作为支撑国家政治稳定、经济繁

荣与总体安全的重要基石，其安全性是国家大数据安全战略的首要且核心考量。鉴于此，各国亟须强化互联网基础设施的建设力度，不断提升基础设施安全防护的技术能力，确保每一环节都能有效抵御潜在威胁，从而构建起坚不可摧的国家大数据安全防线。这一过程不仅是维护国家大数据安全的必由之路，也是保障国家长远发展与国际竞争力的关键举措。

针对我国关键信息基础设施存在的短板及对外依赖问题，我们必须强化自主创新战略，重点推进云计算与大数据技术的研发升级，提升本土科技创新能力，以摆脱关键技术受制于人的现状。在网络硬件、软件、服务及协议规则等关键环节，我们坚持走和平发展道路，确保互联网产业核心部分的自主可控，从而有效增强国家大数据安全。同时，我们建议设立专项大数据基础设施安全保障机构，负责关键基础设施的日常保护、即时维修及应急响应，确保在突发情况下能够迅速行动，最小化损失，全面加固国家关键信息基础设施的安全防线。

2. 提高国家大数据安全技术主导权

2015 年，国务院发布的《促进大数据发展行动纲要》（国发〔2015〕50 号）不仅强调了大数据在提升政府服务与监管效能中的作用，还明确指出我们需要深化大数据环境下的网络安全研究，利用大数据技术创新网络安全防护手段。同时，国务院特别指出大数据对增强政府监管能力的关键作用，并指出维护国家大数据安全的核心在于提升自主研发的安全保障技术水平。鉴于互联网根服务器及核心技术多由发达国家掌控，中国在加快互联网技术发展的同时，亦面临核心科技水平待提升的挑战。

为强化国家大数据安全防护能力，我国应聚焦核心技术突破，摆脱安全受制局面。具体而言，我们需构建新型数据保护技术平台，深化存储设备、服务器及基础软件的自主研发，攻克关键核心技术；同时，我们加大数据加密、防病毒及数据审计追溯等安全技术的研发与产业化应用力度；此外，我们还应开发高效的安全技术产品，以拦截、溯源窃取或监听行为，并提升大数据分析预测能力，有效预防危害国家大数据安全的事件发生。

（二）提升观念意识

观念引领行动，正确观念导向成功，错误观念则难达预期。大数据时代背景下，转变观念尤为迫切，我们需在国内树立大数据思维，强化正确的国家大数据安全观，同时在国际上强化对大数据公共安全的国际共识。鉴于全球网络空间下大数据安全的互联互通特性，其维护非一国之力可为，而是需国际社会携手合作，共同应对挑战。

1. 树立大数据思维

树立大数据思维，是应对安全挑战的新路径。此思维重构了我们对大数据时代生产生活的认知，强调全数据处理、接纳数据的不完美及重视相关性分析。中国数据资源丰富，但网络基础设施、核心技术与分析能力待加强。大数据思维转变体现在：全面数据利用、对精准度的灵活态度及关联性分析优先。此转变助力挖掘数据间深层联系，洞察现状与预见未来，为国家安全维护带来新视角，使决策更精准，有效应对复杂技术与社会动态，强化国家安全防线。

2. 强化总体国家安全观

强化总体国家安全观，是保障国家大数据安全的关键。鉴于个人与企业均为大数据安全体系中的关键一环，且互联网的全球互联特性决定了大数据安全问题的连锁反应，因此，提升全民及企业界对国家大数据安全的认知至关重要。我们必须强化数据全生命周期参与者的总体国家安全观念，深刻认识国家大数据安全的核心地位，培养并固化随时维护国家大数据安全的自觉意识。

3. 提高国际社会大数据公共安全的认同

大数据安全已成为全球性议题，其维护非孤立行动所能及。跨境数据流动与互联网的无界互联，使得国家大数据安全挑战跨越国界，成为政府、企业、用户乃至全球每个个体共同的责任。在这个紧密相连的数字时代，无人能够独善其身，唯有携手合作，我们方能共筑大数据安全防线。

从国际视角审视，大数据公共安全的全球认同构建面临多重挑战。各国行为体因利益诉求、发展层次及安全观念差异，难以建立充分互信，这妨碍了国家大数据安全的协同防护。全球化浪潮下，国家间相互依赖加深，众多问题如生态危机、网络病毒及黑客威胁等超越国界，呈现跨国特性，这要求国际社会共同应对。大数据安全亦不例外，其公共属性显著，挑战已跨越物理界限，成为全球治理的新焦点。

提升国际社会大数据公共安全认同，维护国家大数据安全，需秉持求同存异原则，以数据主权认同为基石，促进国家间政治互动与互信构建。大数据主权认同是合作的前提，各国在共同维护大数据安全的共识下，可灵活选择实施路径。通过组建合作小组、建立信息共享机制、组织安全演练及技术交流等活动，我们加速国家间合作进程，深化合作意愿，共同推进大数据安全治理目标的实现。

在国内，政府是维护国家大数据安全的主导力量，而个人与企业则面临意识不足、技术薄弱等挑战。推动公共数据互联共享，能有效激发个人与企业参与大数据安全维护的积极性，促进技术创新，形成合力，共同加固国家大数据安全防护网。

总之，中国应加速构建信息资源开放共享平台，旨在让大数据不仅成为国家经济发展、社会进步及安全维护的强大驱动力，还要惠及更广泛的社会群体，共享大数据发展带来的繁荣果实。

三、大数据发展战略之大数据强国战略

（一）设置政府大数据机构

设置政府大数据机构，旨在强化中央与地方、部门间的政务数据互联互通，促进国家政务与社会数据的深度融合，奠定坚实的数据治理基石。此举将激发应用创新的多元化，形成跨部门、跨层级的协同发展格局，对统一元数据标准、提升数据质量、

加速资源整合、深度挖掘数据价值、广泛释放数据潜力，乃至推动数字中国战略的深入实施，均具有不可估量的积极作用。

（二）推动数据资源开放

推动数据资源开放是激活数据价值、促进多方参与的关键。依法开放数据资源，不仅保障了公民知情权，更促进了数据作为新时代核心资源的自由流动，驱动创新，引领变革，助力国家经济社会高质量发展。为此，我们应积极拓宽政府数据资源开放范围，深化数据信息平台的应用，强化政府、企业等多主体间的数据共享，提升数据流通效率与利用价值。同时，我们鼓励一般性学术研究和社会公共服务数据的开放，加速数据从研究向市场转化，提升生产效率，促进制度、科技及产业创新。在此过程中，我们需建立严格的数据开放审查机制，由主管部门对潜在风险进行全面评估，确保数据开放既充分又安全，避免侵犯隐私、危害社会稳定及国家安全。

（三）注重大数据人才培养

大数据作为跨学科领域，融合数学、统计学、计算机科学、社会学及经济学等多学科知识，这对人才提出了综合素质的高要求。为此，我们需构建完善的大数据理论体系与人才培养机制：在高校设立大数据专业，集合多学科师资力量，实现教育资源高效整合；制定个性化培养方案，实施多元化教育策略，确保因材施教；同时，整合高校、企业及培训机构资源，遵循"数据开放，市场主导"原则，通过"走出去，引进来"及理论与实践相结合的方式，分领域、分层次精准培养大数据人才。促进产学研深度融合，构建政府、企业、高校间的人才流通网络，实现优势互补，共同推动大数据领域的持续繁荣与创新发展。

（四）实现大数据技术创新

实现大数据技术创新，关键在于多维度协同推进：一是策划国家级大数据科技创新项目，汇聚产学研力量，攻克大数据基础架构、数据处理、分析及安全等核心技术难题；二是加速科研成果向产业化转化，促进跨学科跨领域交流，汇聚智慧火花；三是强化大数据综合试验区、集聚区建设，推动基础平台、分析工具及开源软件的自主研发，提升 AI 核心技术如语音识别、图像分析等能力；四是加大政策扶持，利用制度与市场优势，扶持民间组织及小微企业，通过论坛、博览会等活动，激发全社会创新活力，共同推动大数据技术的蓬勃发展。

（五）促进大数据产业发展

促进大数据产业发展，需多管齐下：一是定位大数据为创新驱动核心，围绕国家战略，构建互联网平台、数据中心及应用基地，培育新业态，推动产品市场化、产业化；二是强化数据基础设施建设，整合政务与社会数据资源，打造安全高效的数据应用环境；三是拓宽大数据应用领域，深化其在科研、治理、经济、文化等多领域的融合，推动数字经济与实体经济深度融合，完善互联网基础设施与数据管理体系，延长产业链；四是搭建公共服务平台，鼓励第三方专业服务，健全服务体系，构建自主可控的大数据产业生态。同时，将大数据深度融入民生领域，如就业、社保、交通等，坚持以人民为中心，提升社会治理与民生服务水平。

第三章

人工智能的相关技术

第一节　逻辑推理

一、经典逻辑推理

（一）推理概述

1. 推理的概念

推理是一种思维过程，它涉及对事物进行深入分析、综合，并最终做出决策。这一过程始于已知的事实，通过运用已掌握的知识，旨在揭示其中隐含的真相或归纳出新的信息。简而言之，推理就是从现有的证据出发，遵循一定的规则，不断运用知识储备中的信息，逐步推导出结论的过程。

在人工智能领域中，推理过程被编程实现，这样的程序被称为推理机。推理机是人工智能系统中的重要组成部分，它模拟了人类的推理能力。推理机工作的基础包括两个核心要素：已知事实和知识库。已知事实，也被称为证据，它们为推理过程提供了起点和方向，指明了在推理过程中应使用哪些知识。而知识库则包含了大量的知识信息，这些知识是推理得以持续进行并最终达成目标的基石。

2. 经典逻辑推理的概念

经典逻辑推理，作为一种基于经典逻辑规则的思维过程，其核心在于遵循经典逻辑体系中的基本原则来进行推理。在这一框架下，主要的推理手段包括但不限于自然演绎推理及与/或形演绎推理等。这些方法共同构成了经典逻辑推理的丰富体系。

由于经典逻辑推理严格遵循经典逻辑的规则，其推理结果的真值被明确限定为"真"或"假"两种状态，不存在模糊或中间地带。这种特性使得经典逻辑推理成为一种精确且确定性的推理方式，即"精确推理"或"确定性推理"。在这种推理过程中，每一步的推导都基于明确的前提和逻辑规则，从而确保了推理结果的可靠性和准确性。

（二）自然演绎推理

1. P 规则与 T 规则

P 规则是指在推理的任何步骤都可以引入前提，继续进行推理。

T 规则是指在推理时，如果前面步骤中有一个或多个公式永真蕴涵 S，我们则可以把 S 引入推理过程中。

2. 假言推理

假言推理的一般形式是

$$P, P \to Q \Rightarrow Q \tag{3-1}$$

它表示由 $P \to Q$ 及 P 为真，可推出 Q 为真。例如，由"如果 x 是水果，则 x 能吃"及"苹果是水果"可推出"苹果能吃"的结论。

3. 拒取式推理

拒取式推理的一般形式是

$$P \to Q, \ulcorner P \Rightarrow \ulcorner Q \tag{3-2}$$

它表示由 $P \to Q$ 为真及 Q 为假，可推出 P 为假。例如，由"如果下雨，则地上湿"及"地上不湿"可推出"没有下雨"的结论。

这里，我们应注意避免如下两类错误：一类是肯定后件（Q）的错误；另一类是否定前件（P）的错误。所谓肯定后件是指，当 $P \to Q$ 为真时，希望通过肯定后件 Q 为真来推出前件 P 为真，这是不允许的。

（三）与/或形演绎推理

1. 基于规则的正向演绎推理

（1）与/或形变换及树形图表示

在进行基于规则的正向演绎推理时，为了提高推理的效率和清晰度，我们首先需要将已知事实转化为谓词公式的形式。随后，通过执行一系列与/或形变换，我们致力于消除公式中的蕴涵符号，同时确保公式中仅保留否定、合取和析取这三种基本的逻辑符号。这一变换过程旨在将谓词表达式转化为标准的与/或形公式，其中等值变换被用于消除蕴涵连接词，确保否定符号仅直接作用于单个谓词，并且所有存在量词和全称量词都被妥善处理。通过这一系列变换，我们能够构建一个更加简洁、易于操作的逻辑表达式，为后续的基于规则的正向演绎推理奠定坚实的基础。

（2）基于规则的正向演绎推理的 F 规则及其标准化处理

F 规则即基于规则的正向演绎推理规则，表示为

$$F : L \to W \tag{3-3}$$

式中，L 为规则的前件，必须为单；W 为规则的后件，可以是任意的与/或形公式。将任意公式变换为符合 F 规则定义的标准的蕴涵形式，称 F 规则标准化。其目的就是便于实施基于规则的正向演绎推理。

（3）基于规则的正向演绎推理过程

基于 F 规则的正向演绎推理过程为

①必须把待证明的目标公式写成或转化为只有析取连接的公式；将事实公式变换为标准与/或形公式，画出事实与/或图；

②将所有正向推理规则变换为标准 F 规则；

③对与/或图的叶节点，搜索匹配的 F 规则，并把已经匹配的规则的后件添加到与/或图中；

④检查目标公式的所有文字是否全部出现在与/或图上，如果全部出现，则原命题（目标公式）得证。

注意：按照 F 规则进行事实匹配的方法：如果在系统规则库中找到某 F 规则 $L \to W$，并且其前件文字 L 恰好与/或图中的某个叶节点的文字相同，则确定这条规则与该叶节点匹配。我们可把这条规则的前件加入事实与/或图，并在与其匹配的叶节点之间画双箭头作为匹配标记。同理，分解 F 规则的后件 W，直到单个文字；将已经匹配的 F 规则的后件 W，加入与/或图中。

2. 基于规则的逆向演绎推理

基于规则的逆向演绎推理是一种从目标公式出发，逆向运用推理标准规则进行匹配，直至追溯到支撑目标公式成立的已知事实依据条件的推理方法。在这一过程中，首要步骤是将目标公式转化为标准的与/或形公式，这一转换方法与基于规则的正向演绎推理中将事实表达式转化为与/或形的方法相类似。随后，我们利用树形与/或图来直观地表示这一标准与/或形目标公式，与基于规则的正向演绎推理中的事实与/或图不同，基于规则的逆向演绎推理中的树形图特别使用连接弧线来明确标注合取节点之间的关系，从而清晰地展示出从目标公式回溯至基础事实的推理路径。

基于规则的逆向演绎推理使用的标准 B 规则，表示为

$$B : W \to L \tag{3-4}$$

式中，规则的前件 W 可为任意的与/或形公式；而规则的后件 L，必须为单文字或单文字的合取。当规则后件 L 为多个单文字合取时，比如 $W \to (L_1 \wedge L_2 \wedge \cdots \wedge L_k)$，我们可以转换为 K 个单文字后件的 B 规则，即 $W \to L_1, W \to L_2, \cdots, W \to L_k$。

B 规则标准化过程和 F 规则标准化过程类似，即暂时消去蕴涵符号；缩小否定符号辖域；引入 Skolem 函数，使变量标准化；前束化并隐去全称量词；恢复蕴涵而变换为标准 B 规则等。

寻找 B 规则匹配的过程中，注意寻找每个单文字后件与相应叶节点的匹配，若找到了匹配，我们则需要用匹配线标记匹配；匹配过程中有时需要进行置换、合一，我们要标出相应的置换关系；注意按前述相同方法拆分 B 规则的前件表达式，直到是单文字等。

总之，基于规则的逆向演绎推理的基本过程可概括为：首先将目标公式转化为标准的与/或形式，并绘制出相应的目标与/或图；其次，将所有逆向推理规则统一转换为标准形式。再次，遵循先事实后规则的顺序，对目标与/或图进行遍历，若遇到事实匹配则进行相应标记，若遇到规则匹配，则将该规则添加到图中并做匹配标记。最后，检查目标与/或图，确保所有叶节点均成功匹配到事实文字，从而证明目标公式的成

立。至此，整个基于规则的逆向演绎推理的证明过程宣告结束。

3. 基于规则的双向演绎推理

当系统面临既包含事实表达式，又同时包含 F 规则与 B 规则，并需证明特定目标公式的复杂情境时，单纯依赖 F 规则的正向演绎推理或仅采用 B 规则的逆向演绎推理均可能遭遇难以逾越的障碍。为此，该系统应采纳基于规则的双向演绎推理。基于规则的双向演绎推理巧妙融合了正向与逆向两种推理方式，即从事实出发，运用 F 规则进行正向推理的同时，也从目标公式逆向出发，利用 B 规则进行逆向推理，两者并行不悖，共同推进。此推理过程的终止条件尤为关键，即要求基于规则的正向演绎推理构建的与/或图叶节点与基于规则的逆向演绎推理所得的与/或图叶节点必须实现一一对应的完全匹配，唯有如此，我们方能确保推理过程的完整性与准确性。

二、不确定推理与非单调推理

（一）不确定推理与非单调推理的概念

1. 不确定推理的概念

不确定推理，作为一种处理不精确知识的推理方式，其核心在于认识到现实世界中事物与现象的模糊性与非严格性。由于许多概念边界不明，经典逻辑的精确处理往往需要人为设定界限，这不仅忽略了事物本身的模糊特性，也削弱了推理的真实性。因此，随着非经典逻辑的快速发展，人工智能领域愈发重视不精确知识的表示与处理，不确定推理便应运而生，旨在更贴近实际地处理这类含混不清的信息，从而推导出介于真与假之间的结论。

2. 非单调推理的概念

非单调推理是一种独特的推理模式，它揭示了在知识不完全的背景下，推理过程的动态性与复杂性。当新知识被引入推理体系时，这一新元素非但未强化既有的结论，反而可能引发对先前结论的质疑乃至否定，迫使推理过程回溯至先前的某个阶段，并据此重新展开。这种现象多源于初始知识的不完备性，迫使推理者不得不依赖于假设来填补知识的空白，并在此基础上构建推理链条。然而，一旦后续获得的新知识挑战了这些假设的有效性，整个推理结构便需经历一次根本性的重构，原先基于错误假设的所有结论均被撤销，新的推理过程随之启动，以更加全面和准确的知识基础为指引。

（二）非单调推理

1. 缺省推理

（1）缺省推理的定义

在复杂多变的信息环境中，完美的信息系统实属罕见，它们往往难以在处理过程中全面掌握所有必要信息。面对信息缺失的常态，一种高效策略是依据既有信息和丰富经验做出合理推测，这些推测在未被反证之前均被视为有效。这一过程，即根据不完整信息进行的有益假设构建，被称为缺省推理。

一个既精确又可算的缺省推理的描述，必涉及结论 Y 且缺少某一信息 X。所以缺省推理的一个定义如下。

定义1：如果 X 不被知道，那么得结论 Y。

然而，在现实世界的复杂系统中，几乎无一能完全摆脱信息的不完整性，即便是最详尽的数据库，其存储的事件也仅仅是庞大事实海洋中的一滴水。尽管如此，通过不懈的努力与智慧，我们仍能从这有限的已知信息中，运用推理与演绎的方法，逐步揭示出更多隐藏于表象之下的未知事件，从而不断拓展我们的认知边界。所以缺省推理的另一定义如下。

定义2：如果 X 不能被证明，那么得结论 Y。

然而，若我们依然拘泥于在传统的谓词逻辑框架内运作，那么就会面临一个根本性的难题：如何确切地知晓 X 确实无法被证明？鉴于逻辑系统的内在复杂性与不可判定性，对于任意给定的 X，我们都无法给出一个绝对的保证，说明它是否终将获得证明。这一悖论凸显了逻辑推理在面对不确定性时的局限性，也促使我们探索更为灵活与包容的推理模式，以更好地应对现实世界的复杂性与多样性。于是我们不得不重新考虑下述定义。

定义3：如果 X 不能在某个给定的时间内被证明，那么得结论 Y。

这一推理过程超越了纯粹的逻辑范畴，它依赖于一系列外部因素，如计算能力的局限、时间资源的分配及证明搜索策略的有效性等。因此，为了确保推理过程的严谨性和可靠性，对系统行为进行形式化的说明变得尤为重要。这不仅有助于我们明确推理的边界条件，还能在我们面对不确定性时提供更为坚实的理论支撑。

（2）缺省推理的规则表示

根据缺省理论，其缺省推理的规则表达式为

$$\frac{A(x):MB_1(x),\cdots,MB_n(x)}{C(x)} \tag{3-5}$$

其中，$A(x)$，$B_i(x)$，$C(x)$ 分别叫作缺省规则的先决条件、默认条件及结论（$i=1$，2，$\cdots$，n），它们都是自由变元 x 的合式公式；M 称为模态算子，表示"假定……是相容的"，即其否定不可证明。

式（3-5）的缺省规则表示：如果先决条件 $A(x)$ 成立，而且假定默认条件 $B_i(x)$（$i=1$，2，$\cdots$，n）相容，即没有证据证明 $B_i(x)$ 不成立，则可推出结论 $C(x)$ 成立。

另外，需要说明的是，缺省规则虽然可以表示模糊量词"几乎""大多数"等，但它却不涉及模糊逻辑。

（3）缺省规则的分类

按规范式表示形式我们可把缺省规则分为规范缺省及不规范缺省等。

①规范缺省规则

若默认条件为 $B(x)$，且有

$$B(x) = C(x) = C \tag{3-6}$$

则称这样的缺省规则为规范缺省规则。

规范缺省规则，可表示为

$$\frac{A(x):M(B(x))}{B(x)} \tag{3-7}$$

其含义是：由先决条件 $A(x)$ 成立一般可推出结论 $B(x)$ 成立。

②不规范缺省规则

不规范缺省规则是指那些既不属于严格形式化分类也不满足特定条件的缺省规则，它们构成了缺省规则体系中的灵活与补充部分。缺省规则根据是否包含自由变元、先决条件和默认条件的特性，可进一步被细分为封闭型、重言式及退化为演绎规则的不同类型。缺省理论在智能问题解决中，特别是常识性推理领域，发挥着不可或缺的作用，其灵活性允许我们对同一事物持有多种可变且并存的信念。然而，这一特性也带来了挑战，新增的缺省规则可能与现有规则发生复杂交互，导致非预期的结果。为应对此问题，尽管理论家如赖特提出了完整性维持系统等辅助方案，以监测并调整规则间的潜在冲突，但这些措施的实施难度较高，限制了缺省理论在实际应用中的广泛推广。

2. 真值维持系统

维持推理的一致性是非单调推理系统功能得以实现的核心技术之一。我们可以把一个非单调推理系统的信念集（常识集）分为两个部分，即 $S = \Delta \cup A$。其中，Δ 为基本信念集；A 为假设集，可视为对 Δ 的尝试性扩充。鉴于推理系统视 Δ 为永真，因而推理中产生的不一致仅由引入不适当的假设引起。尽管我们已对确保 A 与 Δ 的一致性做了许多探索，但大多数非单调推理方法仅适用于特别的应用场合，尚不存在适用于一般应用域的简便方法。现有的实用化非单调推理系统，主要依赖于应用的特点和有关知识，提出不保证与 Δ 一致的试探性假设（实际上 Δ 往往也是问题求解过程中逐步积累起来的，即使用形式化方法也不可能确保提出的假设不与以后加入 Δ 的信念冲突）。真值维持系统（TMS）正是服务于维持推理一致性的有效技术。

TMS（真值维持系统）的核心职责在于辅助问题求解系统，确保其推理流程的正确性，而非直接生成新的推理内容。非单调推理系统由两大核心组件构成：专注于应用领域知识推理与计算的问题求解器，以及负责维护推理过程中真值一致性的 TMS。从某种角度看，TMS 可视为问题求解器的一个内嵌子系统，其双重使命在于：一方面，它持续监察推理上下文的一致性；另一方面，一旦发现任何不一致性，它便立即采取措施予以消除，从而保障整个推理过程的逻辑严谨与结论的可靠性。

TMS 作为非单调推理思想与技术的实践应用，专注于维护知识库的一致性与准确性。在 TMS 的架构下，知识单元被赋予了信念的属性，每个信念都伴随着支持或反驳其成立的论据。随着推理进程的推进，论据的更新直接驱动着信念的动态变化。TMS 作为一个成熟的非单调推理系统，其核心价值在于辅助其他推理程序确保系统整体的正确性，而非自行创造新的推理路径。它的使命在于监控并调节命题间的相容性，一旦发现不兼容情况，TMS 将启动内置的推理机制，通过回溯从属关系并精准调整最小信念集合，从而有效消除矛盾，恢复系统内部的一致与和谐。

第二节　智能搜索技术

一、搜索概述

人工智能领域所面临的挑战，往往聚焦于结构复杂甚至非结构化的难题，这些问题往往缺乏现成的、成熟的求解算法作为直接支持。在应对这类问题时，智能系统或智能 Agent 的核心任务，便是探索并确定一系列行动序列，这些序列旨在引领系统从当前状态高效、优化地抵达期望中的目标状态，同时力求最小化所付出的代价并优化整体性能。这一过程的首要环节，便是对目标进行清晰而准确地表示，它是后续所有求解努力的基础与导向。

搜索，作为智能 Agent 寻找最优动作序列的核心过程，其本质在于根据给定问题，通过一系列算法运算，输出一个由动作组成的解决方案序列。这个解决方案一旦确立，我们随即进入执行阶段，智能 Agent 将依据方案中的指令逐一执行动作。智能 Agent 求解问题的全流程可概括为三大关键环节：首先是明确并精准表示目标，奠定问题解决的基石；其次是运用搜索算法，探寻通往目标的最佳路径；最后是执行阶段，将理论方案转化为实际行动，从而达成既定目标。

在定义一个问题时，我们首先需要明确其基本信息，这些信息构成了 Agent 进行决策的基础。具体而言，一个问题通常由四大部分组成：首先是初始状态集合，它详尽地描绘了 Agent 所处的初始环境条件；其次是操作符集合，这是一个包含多种动作的集合，通过这些动作，Agent 能够将问题从一个状态转换至另一个状态；再次是目标检测函数，它的作用是帮助 Agent 判断某个特定状态是否已达到目标状态；最后是路径费用函数，该函数为每条可能的解决路径分配了一个费用值，以便于评估不同路径的优劣。值得注意的是，初始状态集合与操作符集合共同界定了问题的搜索空间，即 Agent 在寻找解决方案时所需探索的所有可能状态及其转换关系的集合。

在人工智能领域，搜索问题聚焦于两大核心议题：一是"搜索什么"，这直接关联到目标的确立，即明确我们希望找到或达成的具体结果；二是"在哪里搜索"，这涉及搜索空间的界定，它是指由一系列可能状态组成的集合，也被称为状态空间。值得注意的是，与常规搜索空间不同，人工智能中处理的大多数问题，其状态空间并非在问题求解之初我们就全然知晓，而是随着求解过程的推进逐步揭示与构建的。

人工智能中的搜索过程通常分为两个阶段：首先是状态空间的生成阶段，此阶段负责构建由潜在状态组成的搜索空间；其次是在该已生成的状态空间中对特定问题状态进行搜索。鉴于复杂问题的状态空间可能极为庞大，若我们在搜索前即完全生成整个空间，不仅会消耗巨额的存储空间资源，还可能因空间规模过于庞大而难以处理。因此，实际操作中，状态空间往往是随着搜索进程的推进而逐步扩展的，同时，"目标"状态的搜索也是与这种逐步扩展的过程紧密同步的，即每次空间扩展时都会伴随对当前扩展区域内目标状态的搜索尝试。

搜索策略在人工智能中依据不同维度可划分为多种类型。从是否利用启发式信息的角度，其可被分为盲目搜索与启发式搜索；而从问题表示方式的不同出发，其则可被区分为状态空间搜索和与/或树搜索。具体而言，状态空间搜索是借助状态空间法来探索并解决问题的一种策略，它侧重于通过状态间的转换来逐步接近目标。另外，与/或树搜索则是基于问题归约法，通过构建与/或树来逐步分解和简化问题，直至找到解决方案。这两种搜索策略背后，分别对应着人工智能中最基本的问题求解方法——状态空间法和问题归约法，以及相应的问题表示方法——状态空间表示法和与/或树表示法。

盲目搜索，作为一种基础的搜索策略，其特点在于对从当前状态至目标状态所需步数或路径成本一无所知，仅能识别目标状态本身。此类搜索依据预设策略进行，缺乏针对问题特性的考量，因此表现出较大的盲目性，效率相对较低，尤其不适用于解决复杂问题。相对而言，启发式搜索在搜索过程中融入了与问题紧密相关的启发性信息，这些信息如同指南针，引导搜索过程向最有可能成功的方向迈进，从而加速求解过程并有望找到最优解。尽管启发式搜索在效率上明显优于盲目搜索，但由于其依赖于具体问题的特性信息，而这些信息在许多情况下可能稀缺、缺失或难以提取，因此盲目搜索作为一种无须额外信息输入的通用方法，仍具有不可忽视的重要性。

搜索问题的核心任务在于探索并确立高效的搜索策略。这些策略的质量可通过四大准则来综合评估：首先是完备性，即策略是否能确保在解答存在时必定能找到它；其次是时间复杂性，衡量找到解答的时间效率；再次是空间复杂性，关注执行搜索过程对存储空间的需求；最后是最优性，评估在多个解答并存时，策略是否能识别并选择最高质量的解答。搜索策略不仅决定了状态空间或问题空间的扩展路径，还直接影响状态或问题的访问顺序。因此，不同的搜索策略在人工智能领域中对应着不同类型的搜索问题命名，体现了策略对问题求解过程与结果的深刻影响。

二、启发式搜索

（一）启发性信息和评估函数

搜索过程的核心环节在于如何明智地选择下一个待考察的节点，而节点选择方法的差异直接塑造了不同的搜索策略。若能在节点选择时巧妙融入与问题紧密相关的特征信息，从而准确评估并优先考察那些更具重要性的节点，我们则能显著提升搜索效率，更有可能找到最优解。这一过程便是启发式搜索的精髓所在。"启发式"一词，恰如其分地体现了"大拇指准则"的特质：在多数情况下被证明是有效且有益的，但并非绝对可靠，无法确保每一次都能成功。

用来评估节点重要性的函数被称为评估函数。评估函数 $f(x)$ 定义为从初始节点 S_0 出发，约束地经过节点 x 到达目标节点 S_g 的所有路径中最小路径代价的估计值。其一般形式为

$$f(x) = g(x) + h(x) \qquad (3-8)$$

其中，$g(x)$ 表示从初始节点 S_0 到节点 x 的实际代价；$h(x)$ 表示从 x 到目标节点 S_0 的最优路径的评估代价，它体现为问题的启发式信息，其形式要根据问题的特性确定。因此，启发式方法把对问题状态的描述转换成了对问题解决程度的描述，这一程度用评估函数的值来表示。

（二）启发式 OR 图搜索算法

1. 爬山算法

爬山算法是一种优化的局部搜索策略，它基于启发式方法，旨在提升深度优先搜索的效率。与"生成与测试"这种近乎耗尽式、效率较低的搜索方式不同，爬山算法巧妙地利用评估函数来预测目标状态与当前状态的接近程度，即"距离"。在算法执行中，每个被扩展的节点都会根据其评估函数值进行排序，并优先处理那些评估值较小的节点，这一策略通过栈结构实现，确保每次处理的都是当前评估下最接近目标的节点。若栈顶节点非目标节点，则进一步扩展该节点，并同样基于评估值排序其子节点入栈；一旦栈顶节点即目标节点，算法即告成功；若栈为空仍未找到目标，则搜索过程终止。通过这种方式，爬山算法能够在有限资源下，更高效地探索搜索空间，寻找问题的解。

爬山算法一般存在以下三个问题。

（1）局部最大

爬山算法的核心在于从当前节点的子节点中选取评估值最小的进行扩展。然而，这种选择范围的局限性导致了其易于陷入局部最大的问题。局部最大，作为搜索空间中的一个局部最优解，其评估值往往小于全局最大值。一旦算法达到这种局部最优状态，即便该解并非全局最优或不尽如人意，搜索过程也会因此提前终止，从而限制了爬山算法在复杂问题求解中的全面性和准确性。

（2）高地

在状态空间中，存在一种被称为"高地"的区域，其特点在于评估函数值在此区域内基本保持不变，形成了一种平顶现象。当搜索过程误入这样的高地时，由于周围各点的评估值相近，搜索算法难以明确判断最佳的前进方向，从而可能导致搜索行为呈现出随机走动的特征。这种随机性不仅增加了搜索的不确定性，也极大地降低了搜索效率，使得算法难以有效跳出高地，继续向更有潜力的区域探索。

（3）山脊

山脊作为状态空间中的一种特殊地形，其陡峭的斜面虽便于搜索迅速抵达顶部，但山脊与山峰间的平缓过渡却可能成为搜索的障碍。除非操作符能精准沿山脊顶部前行，否则搜索过程可能在山脊两侧徘徊，进展缓慢。面对局部最大值、高地或山脊等复杂地形，爬山算法往往遭遇前进瓶颈，此时采取随机重启策略，从新的起点再次尝试，或能突破困境。爬山算法的表现深受状态空间"地形"影响：若局部最大值稀少，随机重启策略能迅速导向较优解。

2. 模拟退火法

"退火"工艺，作为金属铸造的关键步骤，模拟了金属从高温熔融态逐步冷却凝固至固态的自然过程。在此过程中，金属材料的内能随着温度的降低而逐渐释放，直至达到一个能量最低的稳定状态。尽管大多数物理转变遵循由高温向低温的自然规律，但退火过程也微妙地揭示了自然界中的一种可能性：在能量降低的总体趋势下，存在着小概率事件，这使得系统能够短暂跨越能量低谷，跃升至一个稍高的能量级。这一现象类似于一个球体在滚动过程中，其先从高能量位置滚落至能量低谷，随后因某种外部扰动或内部动能的积蓄，再次攀升至一个稍高的能量状态，这展示了物理世界中的非单调性与不确定性。

然而其滚动到高能量位置的概率非常小，一般为

$$p = \exp(-\Delta E/KT) \tag{3-9}$$

其中 p 是从低能量状态转换到高能量状态的概率，ΔE 表示能量正的改变，K 是Boltzman 常量，T 是当前状态的温度。对于很小的 ΔE，p 比 ΔE 很大时的 p 要大。这样自然就会有一个问题：如何在搜索中实现退火？在这个阶段，我们应该记住：模拟退火算法是在函数产生了没有比当前状态更好的下一个状态时，用来指出搜索方向的。这时，对所有可能的下一个合理状态计算 ΔE，并用下式计算 p'：

$$p' = \exp(-\Delta E/T) \tag{3-10}$$

在闭区间 $[0,1]$ 中随机得到一个数字，然后和 p' 比较。如果 p' 大，则选择它作为下一个转换状态。参数 T 在搜索程序中是逐渐降低的。这时由于 T 降低，p' 也降低，从而使得算法终止在一个稳定的状态。

在一种特定的搜索策略中，若总能确保存在一个直接优于当前状态且恰好位于栈顶指针所指向的下一个状态，则该策略在行为模式上与爬山算法颇为相似，均倾向于持续向更优解迈进。然而，在更普遍的情境中，当不存在这样直接且确定的更优选择时，策略将转而依赖算法对后续状态的评估。具体来说，它会计算每个可能后续状态出现的概率，并与一个 $[0,1]$ 区间内的随机值进行比较。若某状态的出现概率高于该随机值，则选择该状态作为下一步探索的对象；反之，则继续考察下一个候选状态。这一过程的核心期望在于，确保在候选状态集中至少存在一个状态，其出现的概率足够高，能够超越随机性的门槛，从而引导搜索过程持续向前推进。

需要说明的是，算法中没有包括 ΔE 的计算。它是取下一个可能状态的能量值和当前状态能量值的差。另一个问题是一旦选择了希望比较小的新的状态时，T 应该是下降的。T 总是非负的。当 T 为零时，p' 也会为零，这样转换到其他状态的概率都为零。

3. 最好优先

上述探讨的多种算法，其核心挑战均聚焦于如何智慧地选取下一个待考察的状态。爬山算法通过评估函数对初始状态进行排序，优先考察最具潜力的候选者，即列表首位的状态。一旦该状态即目标，算法即告成功；若非目标，则以其子节点替代，并按序排列于列表前端，这一流程本质上仍遵循了深度优先搜索的基本逻辑。相比之下，最好优先搜索算法则展现出更为前瞻性的视角，它直接从当前看来最有希望的节点入

手，全面生成其子节点，并依据各节点的性能或合适性进行排序，进而选取最优节点进行扩展。这一过程凸显了最好优先搜索算法在处理复杂搜索空间时的灵活性与高效性。

值得注意的是，最好优先搜索算法的一大特色在于其全局视野，它会对所有已知节点进行全面评估，从中挑选出当前看来最具潜力的节点进行扩展，而非局限于当前节点直接生成的子节点范围内。这一特性使得最好优先搜索算法相较于爬山算法具备更高的灵活性和适应性。特别地，在面对早期可能选择错误节点的情况时，最好优先搜索算法能够通过后续的全面评估与选择过程，提供修正的机会，从而避免陷入局部最优的困境。这正是最好优先搜索算法相较于爬山算法而言，所展现出的一大优势。

最好优先搜索算法作为一种通用框架，其强大之处在于其普适性，然而，它并未明确界定启发式函数的具体形式，也未能确保在起始至目标节点间存在最短路径的情况下，必然能够发现该路径。为了弥补这一不足，对启发式函数及其运用条件施加特定限制成为必要之举，而 A 算法正是在此背景下应运而生的一种启发式搜索算法。A 算法通过对启发式函数等关键要素的精心设计与约束，不仅继承了最好优先搜索算法的灵活性，还显著提升了其寻找最短路径的可靠性和效率。

三、搜索过程的完备性与效率

（一）搜索过程的完备性

在探讨搜索问题的解决方案时，搜索过程的完备性是一个关键指标。若某搜索过程能够确保对于一类可解问题总能找到其解，则称该过程为完备的，这样的搜索过程也被称为"搜索算法"或简称"算法"。反之，若无法保证找到解，则被视为不完备的，通常称为"过程"。在众多的搜索策略中，广度优先搜索、代价树的广度优先搜索、经过优化的有界深度优先搜索及 A * 算法，均因完备的搜索能力而被归类为算法范畴。相比之下，其他未能达到这一标准的搜索过程则被视为不完备。

（二）搜索过程的效率

搜索过程的效率评估是一个多维度、复杂的问题，它不仅受到搜索过程自身启发式能力的直接影响，还与被求解问题的固有属性、结构复杂度等多重因素紧密相关。尽管当前已发展出多种用于量化搜索效率的定义与计算方法，但这些方法均存在一定的局限性，难以全面而准确地反映所有搜索情境下的真实效率。在此背景下，我们聚焦于两种常用的效率评估方法，它们特别适用于在同一问题背景下，对比不同搜索策略的性能表现，从而为搜索算法的选择与优化提供有价值的参考。

1. 外显率

外显率定义为 $P = \dfrac{L}{T}$，其中，L 为从初始节点到目标节点的路径长度；T 为整个搜索过程中所生成的节点总数。

外显率反映了搜索过程中从初始节点向目标节点前进时搜索区域的宽度。当 $L = T$ 时，$P = 1$，表示搜索过程中每次只生成一个节点，它恰好是解路径上的节点，搜索效率最高。P 越小，表示搜索时产生的无用节点越多，搜索效率越低。

2. 有效分枝因数

有效分枝因数 B 定义为 $B + B^2 + \cdots + B^L = T$，其中，$B$ 是有效分枝因数，它表示在整个搜索过程中每个有效节点平均生成的子节点数目；L 为路径长度；T 为节点总数。

当 $B = 1$ 时，有

$$1 + 1^2 + \cdots + 1^L = L = T \tag{3-11}$$

此时所生成的节点数最少，搜索效率最高。

我们不难证明，有效分枝因数与外显率之间有如下关系：

$$P = \frac{L \times (B - 1)}{B \times (B^L - 1)} \tag{3-12}$$

$$T = \frac{B \times (B^L - 1)}{B - 1} \tag{3-13}$$

由此我们可以看出，当 B 一定时，L 越大则 P 越小；当 L 一定时，B 越大则 P 越小。另外，对同一个 L 而言，B 越大则 T 越大，即对一定的解路径来说，分枝越多，搜索空间产生的节点也越多。

第三节　机器学习

一、机器学习概述

（一）学习与机器学习

1. 学习的定义

学习作为人类核心智能行为之一，其精确定义至今尚未出现，这一现状源自多重因素。首要原因在于跨学科研究的差异性，神经学、认知心理学、计算机科学等领域的学者各执己见，他们从各自的专业视角对学习现象进行诠释。更为根本的是，学习本身是一个多维度、综合性的心理过程，它深植于记忆、思维、知觉、感觉等复杂心理活动的交织之中，这种内在的紧密联系使得学习的机理与本质变得难以捉摸，从而阻碍了统一且明确定义的诞生。

目前，对"学习"的定义有较大影响的观点主要如下。

①专家系统研究人员倾向将学习视为一个获取知识的过程。鉴于知识获取在专家系统构建中面临的诸多挑战，他们特别强调了机器学习与知识获取之间的紧密联系，寄望于通过深入研究机器学习机制，实现知识的自动化、高效化获取，从而突破专家系统建造中的这一关键瓶颈。

②心理学家认为，学习不仅仅局限于知识的累积，更在于技能的习得与精进。他们指出，通过大量的实践与不懈的训练，个体能够逐步改进自身的运动机制，掌握如骑自行车、弹钢琴等复杂技能。然而，学习的广度远超于此，技能的获取仅是学习众多面向中的一个重要组成部分，而非其全部内涵。

③随着20世纪80年代智能机器人研究的深入与发现系统的涌现，人们对学习的理解进一步深化，将其视为一个从感性认知跃升至理性理解的探索之旅。这一过程不仅是知识层面的递进，更是从表面现象洞察内在本质的飞跃——从零散、直观的感性知识提炼出系统、深刻的理性知识，进而揭示事物运行的规律，构建出指导实践的理论框架。学习，在此意义上，成了发现规律、形成理论的创造性活动。

综合多学科视角与广泛实践观察，学习可被全面定义为一种旨在达成特定目标的知识获取过程，其内在核心涵盖了知识的累积、经验的沉淀及事物规律的发掘；而外在展现则体现为性能的持续优化、对环境的灵活适应及系统自我完善能力的不断提升。这一过程不仅是知识结构的重构与深化，更是智能体应对复杂多变世界，实现自我进化与超越的关键途径。

2. 机器学习的研究内容

机器学习赋予计算机以模拟人类学习行为的能力，使之能够自主地通过学习过程积累知识与技能，进而实现性能的持续优化与系统内部的自我完善，不断迈向更高的智能水平。这一过程体现了机器从数据中提取洞察、适应变化并自我进化的强大潜力。

作为人工智能的一个研究领域，机器学习主要研究以下三方面问题。

（1）学习机理

对人类学习机制——个体如何自然获取知识、掌握技能及形成抽象概念的天赋能力的深入探究，是理解并优化机器学习过程的关键所在。通过这一基础性的学习机理研究，我们有望从根本上解决机器学习领域面临的核心挑战，推动其向更加智能、高效的方向发展。

（2）学习方法

通过深入研究人类学习过程的多样性，我们致力于探索并构建一系列通用的学习方法，这些方法旨在跨越具体应用领域的界限，形成一套灵活且强大的学习算法体系。机器学习方法的精髓在于对生物学习机理的抽象与简化，借助计算技术的力量，将这些自然智慧以算法的形式重现于数字世界之中。

（3）学习系统

针对特定任务需求，我们精心构建学习系统，这一过程不仅植根于计算机算法的深入研究，还与生物学、医学及生理学领域对人类学习机制的生理与生物功能探索紧密相连。这种跨学科的融合促进了我们对学习本质的更深刻理解，正如国际上新兴的脑机交互技术所展示的那样，它实现了直接从大脑中捕获信号，并通过计算机处理转化为实际应用，这展现了科技与生物智慧交会的新纪元。

（二）机器学习系统

1. 机器学习系统的定义

为了赋予计算机系统以学习能力，使之能够在知识积累、性能优化与智能提升方面展现出进步，构建专门的学习系统成为必要之举。这样的系统，即被称为学习系统，其核心功能在于实现机器学习，使机器能够在一定程度上自主成长与进化。

2. 机器学习系统的特征

（1）具有适当的学习环境

学习环境对于学习系统而言，是其获取与应用知识的基石，犹如教师、书籍及实践活动之于学生。缺乏这一环境，学习系统便如同无源之水，无法进行有效的学习与知识应用，从而无法实现真正的机器学习。值得注意的是，针对不同类型的学习系统及应用场景，我们所需的学习环境亦各具特色。例如，在专家系统的知识获取过程中，环境由领域专家及相关的文本、图像资料构成；而在博弈场景中，环境则转变为对手及复杂多变的棋局，凸显了环境多样性与适应性的重要性。

（2）具有一定的学习能力

环境虽为学习系统搭建了学习与应用的舞台，但仅凭环境本身并不足以确保学习成效。学习系统若要真正从中汲取养分，还须具备恰当的学习策略与强大的学习能力。正如学生即便面对优秀教师与优质教材，若缺乏科学的学习方法或自身学习能力不足，亦难以达成理想的学习成果。因此，学习系统需兼备环境与内在能力，方能实现高效的知识获取与技能提升。

学习过程本质上是学习系统与环境间持续互动、循环往复的旅程。这一过程类似于学生的学习经历，学生先从教师与书本中汲取基础概念与技术知识，通过内化思考与记忆转化为个人智慧，随后在实践中（如作业、实验等）检验所学，发现问题则再次求教以修正或补充新知。学习系统在与环境的多次互动中逐步积累知识，并实践验证其正确性，两者均强调理论与实践的紧密结合与相互促进。一个健全的学习系统，唯有兼备知识获取与实践验证的双重能力，方能确保所学知识的有效性与实用性。

（3）能运用学到的知识求解问题

学习的终极价值在于实际应用。正如萨利斯所强调的，学习系统应当具备将所获知识灵活运用于未来预测、分类、决策或控制等任务中的能力，这凸显了学以致用的核心原则。无论是个人还是系统，若不具备将所学知识有效转化为解决现实问题的能力，那么学习本身便失去了其应有的意义与效用。因此，能够运用所学求解问题，是衡量学习成效与价值的关键。

（4）能提高系统的性能

学习系统的终极追求在于性能的持续提升。这一过程通过知识的积累与技能的精进得以实现，旨在使系统能够胜任以往难以处理的任务，或在现有任务上有更卓越的表现。以博弈系统为例，面对初次失败，系统应能从中汲取教训，通过与环境互动不断汲取新知，实现"吃一堑，长一智"的成长轨迹，确保未来不再重蹈覆辙，这正是学习系统提升性能的生动体现。

（三）机器学习的分类

机器学习这一领域丰富多样，我们可从多个维度对其进行分类探讨。从学习能力角度，我们可将其划分为有监督学习与无监督学习，前者依赖教师示教或训练，后者则通过评价标准自我引导；就知识表示方式而言，机器学习涵盖逻辑表示、产生式表示、框架表示等多种学习形态；而依据应用领域，我们则将其细分为专家系统、机器人学、自然语言处理、图像识别、博弈策略、数学研究及音乐创作等多个专门领域。此外，从学习方法是否采用符号表示出发，机器学习还能被区分为符号学习与非符号学习两大阵营。接下来，我们将聚焦于四种当前最为常用的分类方法进行深入讨论。

1. 按学习方法分类

类比于人类学习方法的多样性，机器学习领域同样展现出丰富的学习策略。若以学习方法为核心进行分类，机器学习可被细分为机械式学习、指导式学习、示例学习、类比学习及解释学习等多种模式，每种模式均对应着不同的学习逻辑与实现路径。

2. 按学习能力分类

（1）监督学习（有教师学习）

监督学习，亦称为有教师学习，其核心在于依据"教师"反馈的正确响应来精细调整学习系统的内部参数与结构，以期达到更优的性能表现。在这一框架下，归纳学习、示例学习及 BP 神经网络学习等经典方法均扮演着重要角色，共同推动着监督学习技术的不断进步与发展。

（2）强化学习（再励学习）

强化学习，亦称作再励学习，与监督学习不同，它不依赖于每个输入模式对应的明确目标输出。在强化学习中，外部环境仅对学习系统的输出结果提供评价信息（如奖励或惩罚），而非直接给出正确答案。学习系统需通过这些反馈信号，特别是针对受罚动作的分析，来不断优化自身性能。遗传算法便是强化学习领域中的一种有效实现方式，展现了该学习模式在自适应优化方面的强大潜力。

（3）非监督学习（无教师学习）

非监督学习，亦称无教师学习，是一种让系统自主从环境数据中挖掘统计规律，并据此调整自身参数或结构的学习方式。它侧重于揭示外部输入的固有特性，如聚类结构或统计分布特征，而无须外部直接指导。在这一框架下，自组织学习方法如聚类分析和自组织神经网络学习等扮演了关键角色，它们通过内在的自组织机制，实现了对复杂数据的有效表示与理解。

3. 按推理方式分类

依据学习时所依赖的推理路径，机器学习可被划分为基于演绎的学习与基于归纳的学习两大阵营。其中，基于演绎的学习紧密围绕演绎推理展开，强调从一般原则推导出特殊情况的能力。解释学习，因其在推理过程中显著依赖于演绎方法，自然而然地归属于基于演绎的学习范畴之内。

基于归纳的学习，顾名思义，是建立在归纳推理基础之上的学习方法。在这一框架下，示例学习与发现学习等模式尤为突出，它们通过从具体实例中提炼出一般规律或模式，实现了知识的有效归纳与迁移，因此可明确归类为基于归纳的学习类型。

随着机器学习技术的演进，早期的单一推理模式已逐渐让位于多推理技术的融合。当前的系统更倾向于集成多种推理策略以支持复杂的学习任务。类比学习与解释学习便是典型例证，它们不仅运用归纳推理从具体案例中提炼规律，还借助演绎推理将一般原则应用于特殊情况，尽管解释学习中演绎成分占主导，但仍体现了多种推理技术协同工作的趋势。

4. 按综合属性分类

随着机器学习领域的蓬勃发展与人们对其理解的深化，对机器学习进行科学、全面的分类成为迫切需求。近年来，一种基于综合属性的分类方法应运而生，该方法巧妙融合了知识表示、推理策略及应用领域等多重维度，旨在更全面地刻画机器学习的本质特征与实际应用情况，为深入研究与精准应用提供了有力支撑。

遵循综合属性的分类逻辑，机器学习领域被细分为多个子类别，其中包括归纳学习、分析学习、连接学习及遗传算法与分类器系统等，这些分类不仅考虑了知识表示与推理方式的差异，还兼顾了各自在应用领域中的独特价值，共同构成了机器学习研究的丰富图景。

分析学习，这一学习模式植根于演绎与分析的土壤，其精髓在于从个别或少数实例出发，巧妙运用过往解决问题的宝贵经验，通过演绎推理的路径，对当前遭遇的挑战进行精准求解。与此同时，分析学习还致力于生成更为高效的控制性规则，以优化领域知识的应用效能。值得注意的是，其追求的并非单纯的概念范畴拓展，而是聚焦于系统整体效率的显著提升。

二、记忆学习与示例学习

（一）记忆学习

记忆学习，亦称"机械式学习"，其本质在于通过直接记忆外部环境所提供的信息来实现学习目标。这一过程中，学习系统不对外部信息进行复杂处理或转换，而是采取简单直接的记忆方式加以存储。作为学习领域的基础环节，记忆学习之所以重要，是因为任何学习系统要有效运作，都必须具备存储并随时调用所学知识的能力，以确保知识的长期保留与未来应用。

记忆学习的运作机制简洁而高效：每当执行元素成功解决一个问题时，学习系统便自动将该问题及其解决方案铭记于心。如此一来，当未来再次遭遇相似情境时，系统便无须重复烦琐的计算过程，而是能够迅速检索并直接应用先前存储的解，从而极大提升了处理效率与响应速度。

记忆学习设计需要考虑以下三个方面的问题。

1. 存储结构

在记忆学习中，确保问题的检索时间低于重新计算时间是其价值所在，检索速度的提升直接关联到学习效率的提高。若检索耗时过长，反而拖累系统效能，记忆学习的初衷便无从谈起。因此，优化存储结构以降低检索时间、提升系统效率成为记忆学习的关键议题。幸运的是，数据结构与数据库领域的丰富研究成果为我们提供了现成的解决方案，这些精心设计的存储结构能够有效缩短检索路径，加速知识访问，为记忆学习的实践应用奠定了坚实基础。

2. 环境稳定性

记忆学习策略的有效性建立在一个核心假设之上，即某一时刻所存储的信息在未来仍能保持其适用性。然而，当环境信息发生剧烈波动时，这一基础假设便面临严峻挑战，可能导致记忆学习的基础不再稳固。因此，对于快速变迁的环境，记忆学习方法的应用需谨慎，因其可能无法有效应对环境的不确定性，从而影响学习效果与系统的适应性。

3. 记忆与计算的权衡

在记忆学习与重新计算之间做出明智选择，关键在于精确权衡二者的成本与效益。一种策略是采用代价效益分析法，即在初次获取信息时，我们综合考虑其未来使用概率、所需存储空间及计算成本，以科学判断其保存价值。另一种策略则是实施最近未使用淘汰法，通过为存储内容打上时间戳，确保在达到存储上限时，能够优先剔除最久未被访问的旧数据，为新信息的加入腾出空间。西蒙的西洋跳棋程序便是记忆学习的典范之作，它巧妙融合了极大极小博弈树搜索与记忆学习机制，通过记录棋局态势及相应的极大极小值，实现了对已知棋局的快速响应，大幅提升了博弈效率与决策质量。

（二）示例学习

1. 示例学习的概念

示例学习，亦称实例学习，是一种基于归纳推理的学习方法，其核心在于从具体实例中提炼出普遍适用的知识规则。在此过程中，学习者会接触到代表某一概念的正例与反例，通过深入分析与综合这些实例，学习者旨在归纳出一个既能全面覆盖所有正例，又能有效排除所有反例的精确概念描述。这一过程体现了从特殊到一般的认知飞跃，是示例学习方法的精髓所在。

2. 示例学习的分类

（1）按例子的来源分类

根据例子来源的不同，示例学习可分为如下几种。

①在示例学习中，当例子源于学习者之外的外部环境时，这些例子的产生过程往往是随机的。这意味着学习材料不是由学习者自己创造或选择的，而是从不可控的外界因素中获取，因此具有一定的不确定性。

②在示例学习中，当例子是由教师提供的时候，这种学习方式依赖于教师所准备

的教学材料。教师会根据教学目标和课程内容精心挑选或设计例子，以帮助学生更好地理解和掌握相关概念或技能。

③在示例学习中，当例子源于学习者本身时，学习者虽然清楚自己的状态，但对于所要获取的概念却并不了解。在这种情况下，学习者可以基于已有的信息自行生成例子，并提交给学习环境或教师来判断这些例子是否符合所学概念的标准，即区分出哪些是正确的例子（正例），哪些是不正确的例子（反例）。

（2）按可用例子的类型分类

根据学习者所获取的可用例子的类型，示例学习可分为：

①在示例学习中，一种典型的方法是利用正例来构建概念的基本框架，同时使用反例来限制这个概念的外延，避免其过度泛化。这种学习策略有助于学生准确地理解和界定概念的边界。

②在仅利用正例进行示例学习的方法中，学习者可能会推导出一个外延过宽的概念。为了解决这个问题，一种有效的方法是借助预先了解的领域知识来约束和调整所推导出的概念，确保其准确性和适用性。

3. 示例学习的模型

（1）示例空间

示例空间是指人们提供给系统用于学习的一组示例的集合。对于示例空间而言，存在两个关键问题：一是例子的质量，这直接影响到学习的效果；二是示例空间的搜索方法，这决定了系统如何有效从中选取最有价值的例子来进行学习。

①例子的质量。

在示例学习中，示例空间中的例子质量至关重要。这些例子应当是无二义性的，以便能够为解释过程和验证过程提供可靠指导。低质量的例子可能导致相互矛盾的解释，并影响知识正确性的验证。通常，示例空间中的示例会被明确地分为正例和反例两部分。如果示例空间中的示例没有经过这样的分类，则相应的学习方法被称为观察和发现学习。

②示例空间的搜索方法。

搜索示例空间的目标通常是选择适当的示例来证实或否决规则空间中的知识。搜索示例空间的方法与规则空间紧密相关，主要策略如下。

A. 如果目的是验证某个规则，应优先选择规则集中最有希望的规则，并随后从示例空间中挑选合适的示例来验证这些规则。

B. 如果目的是缩小规则空间的搜索范围，应优先选择那些最有利于划分规则空间的示例，从而快速减少规则空间中需要探索的部分。

C. 如果目的是排除规则集中的某个规则，应注意选择与该规则相矛盾的示例。

（2）规则空间

规则空间是指事物所具有的各种规律的集合，例如"猫有两只眼睛""猫有四条腿""猫会捉老鼠""猫会喵喵叫"等。规则空间涉及两个主要问题：一是对规则空间的要求；二是规则空间的搜索方法。

①对规则空间的要求。

对规则空间的要求主要体现在三个方面：首先，规则的表示应当与示例的表示保持一致；其次，规则的表示方法应当适应归纳推理的需求；最后，规则空间必须包含所需的规则。前两个方面的要求主要影响归纳过程的难易程度，而第三个方面的要求则直接关系到能否成功推导出所需规则。

②规则空间的搜索方法。

规则空间搜索的常用方法包括变形空间法、改进规则法及产生与测试法等。变形空间法通过统一的形式表示规则和示例，这使得搜索过程更为直接和高效。而改进规则法则采用不一致的规则和示例表示形式，系统会根据示例智能选择一种操作，用于优化规则空间中的规则，实现更精准的匹配。至于产生与测试法，它首先基于示例生成规则，随后针对这些示例反复进行规则的生成与测试，通过迭代的方式不断优化和完善规则，确保最终生成的规则能够满足实际需求。

（3）解释过程

解释过程是示例学习中的核心环节，其主要任务是从通过搜索获取的众多示例中提炼出关键信息，并借助归纳与综合的方法，将这些信息升华为一般性的知识。这一过程本质上是一种归纳推理，旨在从具体到一般，构建普遍适用的知识框架。在实现解释过程时，常用的技术手段包括将常量转化为变量以增强知识的通用性，剔除不必要的条件以简化表达，增加选择逻辑以应对复杂情况，以及运用曲线拟合等方法来捕捉数据间的内在关系，从而更准确地揭示现象背后的规律。

（4）验证过程

验证过程在示例学习中扮演着至关重要的角色，其核心任务是从广阔的示例空间中精心挑选出新的示例，用以检验并可能修正先前通过归纳推理得到的规则。这一过程中，最为关键的是如何精准地选择示例及如何高效地获取它们。为了确保验证的全面性和有效性，我们通常会采取启发式策略，优先选取那些处于边界条件或具有特殊性质的示例，以期能够全面覆盖并挑战规则的适用范围，从而进一步巩固或修正规则的正确性。

（5）两空间模型的学习过程

在两空间模型框架下，示例学习的学习过程是一个循环迭代的过程。首先，我们需要为示例空间提供充足且多样化的示教例子作为学习的基础。其次，通过解释过程深入剖析这些示例，我们提炼出蕴含其中的一般性知识，并将其纳入规则空间以构建知识框架。再次，验证过程将利用示例空间中的新示例对初步形成的规则进行检验，确保其正确性和适用性。若在此过程中发现规则存在不足或错误，我们则需再次返回示例空间，收集更多示例进行修正，并重复上述循环，直至形成稳定且准确的规则体系。这一过程体现了从具体到抽象、再从抽象到具体的螺旋式上升学习路径。

三、决策树学习与统计学习

(一) 决策树学习

决策是一个依据可用信息及既定评价准则,通过科学方法探寻并选定最佳处理方案的动态过程或技术手段。在面临复杂情境时,每个决策点(对应自然界的某一状态)都可能触发一系列后续事件,这些事件分叉发展,导向多样化的结果或结论。为了直观展现这一决策路径的分支结构,人们采用了一种形象化的表示方法——决策树。决策树之所以得名,正是因为其图形结构形似自然界中的树木,通过主干与分清晰展现了从决策起点到最终结果的每一步选择与后果。

决策树作为描绘概念空间的一种高效手段,自其诞生以来便在人工智能领域占据了一席之地,尤其是在 20 世纪 80 年代,它更是构建智能系统的主流技术之一。然而,进入 20 世纪 90 年代初,随着技术潮流的变迁,决策树逐渐淡出了人们的视线。但命运的转折发生在 20 世纪 90 年代后期,随着数据挖掘技术的蓬勃兴起,决策树以其独特的优势再次焕发光彩,成为构建决策系统不可或缺的强大工具。时至今日,在数据挖掘技术广泛应用于商业、制造业、医疗业等多个关键领域的背景下,决策树技术更是迎来了前所未有的发展机遇,在 21 世纪的舞台上发挥着日益重要的作用。

决策树作为一种结构化的模型,其核心由节点与分支交织而成,构建了一个清晰的决策路径图。在决策树的架构中,每个节点都承载着关键的角色,它们代表着在决策或学习流程中需要考量的具体属性。这些属性如同路标,指引着决策树的走向,进而形成了多样化的分支路径。当面对一个具体的事例并需要利用决策树进行学习或决策时,我们可以从树根节点出发,依据事例的属性值逐步深入,沿着既定的分支向下搜索,直至抵达最终的叶节点。这一叶节点,作为决策树旅程的终点,承载着宝贵的学习成果或明确的决策结果,为我们提供了解决问题的关键信息。

在构建决策树的实践中,多种高效算法如 ID3、C4.5、CART 及 CHAID 等被广泛应用,它们各自以独特的方式优化着决策树的生成过程。这些算法的核心在于通过对对象属性的测试来指导分类决策、从而自上而下地构建出决策树结构。在树的每个节点上,我们都会选定一个属性进行测试,测试结果则作为划分对象集合的依据,这一过程不断迭代,直至某个子树内的所有对象在分类标准上达成一致,此时该子树即成为叶节点,这标志着决策路径的终点。在选择测试属性时,算法遵循着最大化信息增益或最小化熵的原则,这是为了确保决策树能够有效反映数据间的内在关系。具体而言,算法会计算每个候选属性的平均熵,并从中挑选出平均熵最小的属性作为根节点,以此标准逐层向下选择节点,直至整棵决策树完全形成。这一过程不仅简化了决策制定的复杂性,还显著提高了决策的准确性与效率。

决策树学习作为一种以实例为基石的归纳学习方法,展现了卓越的多概念学习能力,同时兼具快捷简便的显著优势。这一特性使得决策树在众多领域中得到了广泛应用,无论是数据分析、模式识别还是预测建模,都能见到其身影,充分展现了其强大的实用价值和广泛的适用性。

决策树学习依赖高效的学习算法来执行其核心任务。当面对大规模的实例集合，并需要基于这些实例进行概念的归纳分类时，如果实例数据以无结构的属性－值对形式呈现，那么决策树学习算法便成了理想的选择。该算法能够有效地处理这类数据，通过构建决策树模型来揭示数据间的内在联系，实现准确分类和预测。

（二）统计学习

统计学习根植于统计学，它凭借统计学理论的坚实基础，运用统计推断的技巧，旨在从有限的样本数据中提炼出逼近真实世界规律的"上帝函数"。相较于机器学习，统计学习尤为强调数学逻辑的严谨性，以及模型中对自变量与因变量关系的明确阐释能力。而机器学习，作为计算机科学领域的一个分支，其核心追求在于构建能够高效解决实际问题的函数模型，并侧重于评估这些模型在实际应用中的效能。尽管两者在目标和侧重点上有所差异，但不容忽视的是，机器学习领域内众多算法的根基深深扎根于统计学习，从中汲取了丰富的理论与方法。因此，从某种意义上说，统计学习可以视为机器学习的一种具体实现途径，两者之间存在一种包含与被包含的关系，即统计学习是机器学习领域的一个重要子集。

统计学习，作为一种根植于小样本统计学习理论的机器学习方法，其核心特色在于能够高效地处理有限样本数据，以探索数据背后的潜在规律。在这一领域中，支持向量机无疑是最为典型和重要的学习技术之一。接下来，我们将聚焦于小样本统计学习的基本原理，深入探讨支持向量机这一学习方法的具体实现与应用。

第四章

深度学习理论

第一节　人工神经网络

一、人工神经网络概述

（一）人工神经网络的特点

人工神经网络是一种高度仿生的计算模型，其通过构建大量节点间的错综连接，形成复杂的网状拓扑结构，以模拟人脑神经元间信息交互与处理的动态过程。它不仅复刻了人脑在信息加工、处理方面的基本机制，还具备强大的数据存储能力，深刻体现了人脑功能的核心特性。人工神经网络的特点具体如下。

1. 非线性

人工神经网络以其独特的非线性处理能力著称，其核心在于其构成单元——神经元能够灵活地在激活与抑制状态间切换，这一行为在数学层面赋予了网络非线性特性。更为关键的是，神经网络的功能并非简单源自单个神经元的累加效应，而是源自海量神经元间复杂交互的集体行为，从而展现出复杂非线性动态系统的独有属性。面对实际应用中普遍存在的输入与输出间复杂非线性关系，神经网络通过训练学习系统的输入输出样本，能够以前所未有的精确度拟合并逼近这些复杂的非线性函数，有效应对环境信息高度复杂、知识背景模糊及推理规则不明确的挑战。

2. 容错性和联想能力

生物系统的信息存储方式启发了人工神经网络的设计，其中信息并非集中存储于某一特定位置，而是根据内容广泛分布于整个网络之中。每个神经元不局限于单一外部信息的存储，而是承载了多种信息的片段，这种分布式存储机制赋予了神经网络卓越的容错性——即便部分神经元受损，整体网络的功能亦能基本保持不受影响。此外，神经网络通过调整神经元间的权重来储存处理过的数据信息，这一过程与大脑利用突触活动存储信息的方式异曲同工。这种集运算与存储于一体的设计，使得神经网络在面对信息缺失或干扰时，能够凭借联想记忆能力恢复并重构完整信息，展现出强大的容错性和联想记忆能力，从而在复杂环境中有效提取并复原信息特征。

（二）人工神经网络应用

1. 模式识别

模式识别技术，作为信息科学与人工智能领域的关键分支，其核心在于构建精准的分类模型或设计高效的分类函数，旨在将待处理的数据集精准映射至预设的类别空间之中。这一过程不仅实现了对数据的有效描述与辨识，还促进了数据的高效分类与深入解释，是连接数据世界与知识理解的桥梁。

人脸识别与指纹识别，作为先进的生物识别技术，依托于人体独特的脸部与指纹特征，利用摄像机等设备捕获图像或视频流，随后在庞大的图像库中精准检测并追踪这些特征，实现高效的身份验证。自 20 世纪 60 年代起，这两项技术便逐渐萌芽，并在 20 世纪 80 年代后伴随计算机与光学成像技术的飞跃而性能显著提升。其成功的核心在于拥有高性能的核心算法，特别是人工神经网络的应用，它通过不断学习，能够自动捕捉图像中的隐性规则，省去了复杂的特征提取步骤，促进了硬件实现的便利性。当前，借助深度学习技术的推动，通过优化网络架构、扩充训练数据集及引入分层监督策略，人脸识别技术已实现了高达 99.47% 的惊人识别率，展现了生物识别技术前所未有的潜力与前景。

传统的语音识别方法主要依赖于高斯混合等模型来提取声学的低层次特征，进而尝试将语音转换为对应文字，但其识别正确率往往在 75% 左右，难以满足实际应用的高标准需求。相比之下，基于深度神经网络的语音识别系统展现出了显著的优势，其识别正确率可提升至约 82.3%，实现了性能的飞跃。这一突破得益于深度神经网络框架的独特设计，它能够高效地整合连续的特征信息，构建出更加丰富的高维特征空间，并通过这些高维特征样本对模型进行深度训练，从而显著提升了语音识别的准确性和可靠性。

深度神经网络之所以在模式分类处理中表现出色，关键在于其工作机制高度模拟了人脑逐层提取数据特征的过程。这种逐层递进的方式使得网络能够自然而然地捕捉到更适合进行分类处理的理想特征，从而提升了分类的准确性和效率。

2. 预测评估

预测评估是一项基于客观对象现有信息，对未来事物或事件的特征、发展轨迹进行科学预测与综合评估的活动。它融合了多种定性和定量的分析手段与方法，旨在精准推测并评价对象未来可能展现的趋势与达到的水平。

人工神经网络在预测评估领域的应用，核心在于其模仿生物神经网络的学习、训练、联想及存储能力。通过分析已有的数据样本，神经网络能够精准地预测并评估事物或事件在未来可能的发展趋势与水平。这一技术在市场趋势预测、风险评估及交通运输等领域均展现出了广泛的应用前景与强大的实用价值。

市场预测分析本质上是对影响市场供求关系的多元因素进行全面审视与综合评估。鉴于传统统计经济学方法在预测价格变动时面临的局限性，人工神经网络以其独特优势脱颖而出，擅长处理数据不完整、不确定性强或规律性模糊的复杂情况。这一特性使得人工神经网络在预测诸如营收、价格、股票价格、产量及销售量等市场关键指标时，展现出传统方法难以企及的高精度与灵活性。

疾病预测作为人工神经网络在医学领域的杰出应用，能够依据人体生物信号的独特表现形式与变化规律，精准预测并评估疾病的发生概率，为患者提供早期预警。以癌症为例，网络通过分析病人在病发初期可能展现的多种外在症状，如呼吸困难、乏力、疼痛、衰弱、厌食、焦躁及体重骤减等，并结合血液中低白蛋白、高乳酸脱氢酶值等关键生理指标，将这些多维度信息作为输入参量进行深度学习与分析，从而在病情全面爆发前实现有效预防与及时干预。

基于人工神经网络预测技术的网站生成器，能够智能分析网络用户的习惯、需求及偏好，自动调整并优化网站内容，实现快速且精准的更新迭代。相较于传统网站程序员的手动操作，这一系统不仅效率更高，准确性更强，还能向服务商反馈丰富的用户信息与数据，助力网站持续优化与个性化发展。

3. 优化选择

优化旨在采取针对性措施，使分析对象或研究目标在特定条件下实现性能与品质的显著提升。这一过程本质上是一种"取其精华，去其糟粕"的选择过程，旨在突出对象的优势与特长。面对诸如旅行商问题、车辆调度及信道效率等复杂的非多项式完整问题，优化尤为关键。将人工神经网络引入优化领域，则是利用神经网络算法的强大能力，综合考量时间复杂度、空间复杂度、正确性及健壮性等多重因素，为这些问题寻找高效、可靠的解决方案。

在运用人工神经网络进行优化选择的过程中，一个核心目标是求解系统的全局极小点。对于凸性优化问题而言，由于其特性保证了局部极小点与全局极小点重合且唯一，因此求解过程相对直接。然而，面对非凸优化问题，情况则变得复杂，因为系统可能存在多个局部极小点，导致算法易于陷入其中而无法直接达到全局最优。为了克服这一难题，我们需要采取特殊策略，如引入随机性、设计启发式算法或结合其他优化技术，以助力神经网络跳出局部陷阱，最终实现全局极小点的精准定位。

二、人工神经网络的浅层模型

（一）感知器模型

感知器，即神经网络的基本构建块，也被称为神经元，是构成神经网络系统的最细微且基础的元素。按照神经网络架构中涉及的计算节点（或称神经元）的层次划分，我们可以将感知器区分为两大类：单层感知器和多层感知器。这一分类标准直接关联于网络架构的复杂度和处理能力。

具体而言，单层感知器，顾名思义，仅包含一层计算节点，这些节点直接接收输入信号，并基于预设的权重和激活函数进行运算处理，最终输出处理结果。其结构简单，适用于解决一些线性可分的问题，但在面对复杂问题时，其表现可能较为有限。

而多层感知器，则是由多个层次的计算节点堆叠而成，包括输入层、若干隐藏层及输出层。这种多层次的结构赋予了多层感知器更强的信息处理能力，使其能够学习和表示复杂的非线性关系。通过逐层传递和变换输入信息，多层感知器能够捕捉到数据中的深层次特征，从而完成更为复杂的任务。

感知器作为神经网络的基本单元，其分类（单层与多层）反映了神经网络在处理复杂度和能力上的差异。单层感知器适用于简单任务，而多层感知器则以其强大的信息处理能力，成为解决复杂问题的重要工具。

1. 单层感知器

单层感知器，作为一种基础而直接的前馈神经网络模型，其核心特征在于其网络结构仅包含一层可计算节点，这些节点本质上都是线性阈值神经元。这一简单的网络拓扑结构使得单层感知器在处理特定类型的问题时展现出独特的优势。

在单层感知器的运作机制中，每个神经元都扮演着至关重要的角色。具体来说，当这些神经元接收到输入信息时，它们会根据预设的权重对这些输入进行加权求和。随后，这个加权和会与一个阈值进行比较。如果加权和大于或等于这个阈值，那么神经元的输出将被设定为1（或有时为 -1，取决于具体的定义和应用场景）；反之，如果加权和小于阈值，则输出为0。

值得注意的是，由于单层感知器的输出层神经元之间并不存在相互连接，每个神经元的输出仅依赖于其自身的输入和相应的连接权重，而与网络中的其他神经元无关。这一特性使得单层感知器的行为相对独立且易于分析。

为了简化理解和应用，我们通常会将注意力集中在只有一个输出节点的单层感知器上。这样的模型实质上就是一个单独的神经元，它根据接收到的输入信息及其与这些输入相关联的权重来做出决策，并产生相应的输出。这种简化的模型在解决实际问题时可能具有一定的局限性，但它为更复杂的神经网络模型提供了基础和启示。

总的来说，单层感知器以其简洁的网络结构和明确的输入输出关系在神经网络领域占有一席之地。尽管它的能力有限，但它为理解和学习更高级的神经网络模型提供了宝贵的起点。

使用感知器的主要目的是对外部输入进行分类。如果外部输入是线性可分的（存在一个超平面可以将它们分开），则单层感知器一定能够把它划分为两类。设单层感知器有 n 个输入，m 个输出，则其判别超平面由式（4 -1）确定

$$\sum_{i=1}^{n} w_{ij}x_i - \theta_j = 0(j = 1,2,\cdots,m) \tag{4-1}$$

另外，需要指出的是，单层感知器可以很好地实现"与""或""非"运算，但却不能解决"异或"问题。

2. 多层感知器

多层感知器，作为一种神经网络的架构，通过在单层感知器的基础上，于其输入层与输出层之间嵌入一层或多层处理单元（隐藏层），从而显著增强了其数据处理和模式识别的能力。其拓扑结构设计上与多层前馈网络相似，主要差异在于多层感知器中的计算节点（或神经元）之间的连接权值并非固定不变，而是可以根据学习算法进行

调整和优化，这一特性使得多层感知器能够自适应地学习和适应数据中的复杂模式。

在多层感知器中，输入层负责接收外部信息，并将其传递给隐藏层；隐藏层则通过多层非线性变换，对输入信息进行深层次的特征提取和抽象表示；最终，输出层基于隐藏层的处理结果，产生最终的输出或决策。这种从输入层到输出层的高度非线性映射关系，正是多层感知器能够处理非线性可分问题的关键所在。

具体来说，当我们将多层感知器视为一个从 n 维欧氏空间到 m 维欧氏空间的映射时，其强大的非线性映射能力使得它能够将复杂的输入模式转换为易于分类或识别的输出模式。这种能力，在解决诸如图像识别、语音识别、自然语言处理等领域的复杂问题时，显得尤为重要。

多层感知器通过引入隐藏层和可变的连接权值，实现了对复杂非线性可分问题的有效分类和处理。其高度非线性的映射能力和自适应的学习能力，使其在众多领域展现出了广泛的应用前景和巨大的潜力。

（二）BP 网络模型

BP 网络，全称为"误差反向传播网络"，其网络架构由多层前馈网络构成，这一结构特性使得 BP 网络在神经网络领域中独树一帜。在 BP 网络的构建中，一个核心原则是同层节点之间不存在直接的相互连接，而层与层之间则普遍采用全互连的方式，即每一层的每个节点都与下一层的所有节点相连接。这种连接方式确保了信息的全面流通与整合。

此外，BP 网络的一个显著特点是其连接权值是可以调整的。这一特性使得网络能够通过学习算法自动调整内部参数，以更好地适应输入数据的特性，从而提高网络的性能和准确性。在学习过程中，网络会根据输出层产生的误差信号，通过反向传播算法调整各层之间的连接权值，以减少误差并优化网络性能。

BP 网络不仅实现了明斯基关于多层网络构想的理论预言，更是在实际应用中展现出了强大的生命力和广泛的适用性。作为神经网络模型中的佼佼者，BP 网络在多个领域如模式识别、图像处理、自然语言处理等方面都取得了显著的成绩。其多层结构和可调的连接权值使得 BP 网络能够捕捉输入数据中的复杂关系和非线性特征，从而实现对数据的深度分析和理解。

BP 网络以其多层前馈的网络拓扑结构、同层节点间无连接、层间全互联及可调的连接权值等特性，在神经网络领域中占据了重要的地位。其广泛的应用和出色的性能表现使得 BP 网络成了神经网络研究和应用中的热点之一。

在 BP 网络中，每个处理单元均为非线性输入/输出关系，其激发函数通常采用可微的 Sigmoid 函数，如 $f(x) = \dfrac{1}{1 + e^{-x}}$。

BP 网络的学习机制本质上是一个迭代优化的过程，其核心由两部分构成：正向传播与误差反向传播。在正向传播阶段，输入数据自输入层起始，依次流经隐含层，并最终抵达输出层，经过各层神经元的处理与变换，生成一个输出模式。这一过程体现了信息在网络中的前向流动与逐级处理。

然而，若该输出模式与预设的期望输出之间存在差异，即产生了误差，BP 网络随即转入误差反向传播阶段。在这一阶段，误差信号自输出层反向回溯，逐层穿越各层神经元，直至回到输入层。与此同时，网络会根据误差信号的大小与方向，自动调整各层神经元之间的连接权值，旨在最小化输出误差，使网络的实际输出逐渐逼近期望输出。

值得注意的是，BP 网络的正向传播与反向传播过程仅在网络的训练阶段进行，这是网络学习并优化自身性能的关键步骤。一旦网络训练完成，进入问题求解或应用阶段，我们则仅需执行正向传播过程，无需再进行反向传播与权值调整。

此外，尽管从学习的角度来看，BP 网络中的信息流动似乎是双向的，但这并不意味着网络结构本身支持层与层之间的双向连接。实际上，BP 网络依然保持着前馈网络的基本架构，即各层神经元之间仅存在单向连接，信息从输入层向输出层单向传递，并通过反向传播机制来优化这些单向连接的权值。

三、人工神经网络的深层模型

（一）深度卷积神经网络

深度卷积神经网络（DCNN），亦称"卷积神经网络"（CNN），乃是一种前沿的深度学习架构，其核心在于通过交替堆叠的卷积层与池化层（或称"子采样层"），构建出一种深层且高效的特征提取与表达机制。这一网络结构的灵感源自生物视觉系统中的"感受野"概念，模拟了生物体对外界信息逐层解析、逐步抽象的过程。

在 DCNN 中，卷积层负责通过滑动窗口的方式对输入数据进行局部特征的提取，这些特征捕捉了数据的空间层次结构和局部相关性；而紧随其后的池化层则通过对特征图进行下采样操作，有效降低了数据的空间维度，减少了计算量，同时保留了重要的特征信息，增强了网络对输入数据变化的鲁棒性。

通过这样逐层抽象、逐次迭代的工作方式，DCNN 能够自动学习并提取出输入数据中的高级抽象特征，这些特征对于后续的分类、识别等任务至关重要。正是基于这一强大的特征学习能力，DCNN 在图像分类、语音识别、视频分析等众多领域取得了显著的成效，推动了计算机视觉和自然语言处理等领域的快速发展。

1. 生物视觉认知机理及感受野

神经元的感受野，作为视觉系统中的一个核心概念，指的是视网膜上那一块特定区域，该区域内的感光细胞活动能够直接影响并激活视觉通路中某一特定神经元。这种区域性的关联不仅揭示了视觉信息处理的局部性原理，还深刻体现了视觉系统的层次性结构。感受野的存在，是生物体对复杂视觉环境进行高效解析与响应的关键机制之一。

深入探究人类眼球的感光系统，我们发现其精妙绝伦的构造：视网膜，作为视觉信息的首要接收站，由三层功能各异的细胞层紧密堆叠而成。从深层的感光细胞层出发，这些细胞忠实地将光线转换为神经信号，随后信号经由中间的双极细胞层快速传递，最终汇聚至前端的节细胞层，完成初步的信号整合与编码。这一过程，不仅展现了视觉信息从物理光能到神经脉冲的华丽转变，也预示了视觉认知之旅的正式开始。

视觉认知的宏伟蓝图，由感光、传导与中枢处理三大机制共同绘制。感光机制确保了光信号的有效捕捉与转换；传导机制则依赖视神经的高效网络，将双眼捕捉到的视觉信息在视交叉处进行精妙的交叉处理，随后输送至丘脑的外侧膝状体进行初步解析，再进一步传递至大脑皮层的视区，为高级视觉认知奠定基础。中枢处理机制，作为这一系列的最终章，在大脑皮层中展开复杂的模式识别、信息整合与意义构建，最终赋予我们对周围世界的深刻认知。

值得注意的是，视觉信息在传递与加工过程中展现出了显著的聚合现象。由于感光细胞（尤其是锥细胞与棒细胞）的数量远超神经节细胞，这一结构差异迫使视觉系统采用一种高效的信息压缩策略：多个感光细胞的信号被聚合至少数几个节细胞，进而在后续的神经元层级中继续这种聚合趋势。这种逐层聚合、逐级抽象的信息处理方式，不仅清除了数据传输的冗余，还增强了系统对复杂视觉模式的识别能力。

感受野的大小随神经元层级的提升而扩大，正是这一信息加工策略的直观体现。低层神经元关注于局部细节，而高层神经元则能够整合更大范围内的信息，形成对整体场景的把握。这种由局部到整体、由具体到抽象的认知模式，与人类视觉系统的自然运作方式高度契合，也为神经认知机的设计提供了深刻的启示。

基于感受野的神经认知机，正是对这一生物视觉认知机制深刻理解的产物。它借鉴了卷积神经网络的基本思想，将复杂的视觉模式分解为一系列可管理的子模式，并通过逐层交替的处理方式，逐步提取并整合视觉信息。每一层的神经元都以前一层的感受野为基础，构建自身更为广阔的视野，从而实现对视觉世界的全面而深入的理解。这一过程，不仅模拟了生物视觉系统的信息处理机制，也为人工智能领域的视觉识别与理解提供了强有力的工具与思路。

2. 深度卷积神经网络的基本结构

深度卷积神经网络的基本架构精心构建，以应对复杂数据的处理与学习任务。其整体结构可清晰地划分为三大主要部分：首先，是输入层，作为整个网络的起始点，负责接收并预处理待分析的数据，为后续处理奠定基础；其次，是由多个卷积层与池化层交替排列的核心处理部分，这一区域通过层层递进的方式，对输入数据进行深度特征提取与抽象，其中卷积层负责捕捉数据的局部特征，而池化层则通过降维操作增强特征的鲁棒性，两者相辅相成，共同构成了 DCNN 的核心竞争力；最后，是一个全连接层与输出层组成的末端结构，全连接层将之前提取的高级抽象特征进行整合与变换，而输出层则根据具体任务需求，如分类、回归等，给出最终的预测结果或决策。这三大部分紧密协作，共同支撑起 DCNN 在图像识别、自然语言处理等领域内的广泛应用与卓越表现。

（1）卷积层

卷积层，作为深度学习中卷积神经网络的核心组成部分，承担着至关重要的特征提取任务。其核心思想根植于自然图像中普遍存在的局部特征相似性原理，即图像中某一区域所展现的特征模式，往往能够跨越图像的不同部分被识别和应用。换言之，通过在一个较大的图像上随机选取一小块作为样本块进行学习，所得到的特征表示能够泛化并有效应用于该图像的其余部分，乃至更广泛的图像集合中。

具体到卷积运算的执行过程，我们可以形象地描述为：选定一个样本块（或称为"卷积核""滤波器"），该样本块携带了预定义的特征模式。随后，这个样本块像是一个滑动窗口，在输入图像的二维空间上从左上角开始，沿着既定的步长逐步向右下方移动，直至覆盖整个图像区域。在每一次移动的位置，卷积核都会与当前位置下方的子图像区域进行卷积操作，即对应位置的元素相乘后求和（可能还包括一个偏置项），得到的结果作为输出图像在该位置上的像素值。这一过程不断重复，直至卷积核遍历完整个输入图像，最终生成一幅新的图像，即卷积后的特征图。

通过这种方式，卷积层能够自动地从原始图像中提取出各种层次、不同尺度的特征信息，从简单的边缘、纹理到复杂的形状、模式等。这些特征信息对于后续的图像识别、分类等任务至关重要，因为它们为网络提供了关于图像内容的丰富且抽象的描述。此外，由于卷积运算的局部连接和权值共享特性，卷积层还能够在减少模型参数数量的同时，保持对图像平移、旋转等变换的一定程度的不变性，从而提高了模型的泛化能力和计算效率。

（2）池化层

池化层，在深度卷积神经网络中扮演着不可或缺的角色，它也被广泛称为下采样层。这一层的存在主要是为了应对卷积层输出特征图可能带来的高维度和大量参数问题，通过降低数据的空间尺寸来减小整个网络的参数规模，进而降低计算复杂度，提高运算效率。

池化层的工作原理相对直观且高效。它通过对卷积层输出的特征图进行分区，每个分区（池化空间）的大小通常为 $k \times k$，然后在这个区域内应用特定的池化方法，将区域内的特征信息聚合为一个单一的像素点，作为池化层输出特征图中的一个元素。这样的操作不仅减少了数据的空间维度，还保留了重要特征的同时降低了对输入数据位置变化的敏感度，增强了网络的鲁棒性。

在池化方法的选择上，最大池化法和平均池化法是最为常用的两种策略。最大池化法通过选取池化空间内的最大值作为输出，这种方法能够捕捉到区域内的最显著特征，有利于保留纹理信息；而平均池化法则是对池化空间内的所有值求平均后输出，它更侧重于保留区域内的整体背景信息，对于抑制噪声干扰有一定效果。

池化层通过其独特的下采样机制，有效地减小了卷积层输出特征图的规模，降低了网络的计算负担，同时通过对特征信息的聚合与筛选，增强了网络的特征表达能力和鲁棒性，这是深度卷积神经网络中不可或缺的重要组成部分。

（3）全连接层和输出层

全连接层的作用是实现图像分类，即计算图像的类别，完成对图像的识别。输出层的作用是当图像识别完成后，将识别结果输出。

（二）深度玻尔兹曼机与深度信念网络

深度玻尔兹曼机（DBM）是一种通过堆叠多层受限玻尔兹曼机（RBM）而形成的深度生成模型。每一层 RBM 都作为 DBM 中的一个独立层，负责学习数据的抽象表示或作为特征，而这些特征随后被传递给更高层的 RBM 进行进一步的抽象化处理。由于 RBM 的层与层之间在训练过程中是独立的，即可以逐层进行训练（称为"预训练"），DBM 因此能够巧妙地绕过深层网络训练中常见的"梯度消失"或"误差累积传递过长"的问题。这种分层训练的方式使得 DBM 在构建复杂深层模型时更加稳定且有效。

另外，深度信念网络（DBN）虽然也利用了多层 RBM 作为其基础架构，但其在最顶层额外添加了一层反向传播网络。这一设计使得 DBN 不仅能够像 DBM 那样通过 RBM 的分层预训练来学习数据的层次化表示，还能通过 BP 网络进行微调，以进一步优化整个网络的性能。BP 网络的引入为 DBN 提供了更强的监督学习能力，使其在处理有监督学习任务时表现出色。然而，从避免深层网络训练难题的角度来看，DBN 的核心优势仍在于其底层的 RBM 堆叠结构所带来的分层训练能力。

DBM 和 DBN 都通过堆叠 RBM 来构建深层模型，并利用 RBM 的分层训练特性来应对深层网络训练的挑战。而 DBN 通过额外添加 BP 网络层，进一步增强了其学习和优化能力。

1. 受限玻尔兹曼机的结构

受限玻尔兹曼机，作为一种精心设计的神经网络模型，展现了其独特的对称耦合与随机反馈特性，特别体现在其网络结构为二值单元构成上。这一模型的核心架构是浅层的，由两个主要层次构成：可见层与隐层，它们各自扮演着关键角色并相互协作。

在 RBM 的架构中，可见层直接面向输入数据，其上的节点被称为可见节点，负责接收并初步处理外部输入的信息。而隐层，则如同一个特征探测器，其上的隐节点通过分析可见节点的输出，提取并抽象出数据中的深层次特征。这种分层设计不仅简化了网络结构，还提高了特征学习的效率。

值得注意的是，RBM 中的节点连接方式严格遵循了特定规则：同层内的节点之间不存在任何连接，这种设计避免了层内节点间的直接相互作用，从而简化了网络的动态行为；而层间的节点则实现了全连接，即每个可见节点都与隐层中的所有隐节点相连，反之亦然。这种全连接方式确保了信息在两层之间的充分流通与整合。

此外，RBM 作为一种二值单元神经网络，其所有节点均被设定为随机二值变量节点。这意味着每个节点的取值只能是"0"或"1"两种状态，这种二值化的表示方式不仅简化了节点的激活函数（通常为阶跃函数或 sigmoid 函数的二值化版本），还使得网络的学习过程更加高效和直接。

在 RBM 中，任意两个相连的节点都通过一个权重系数相互关联，这些权重系数共同构成了网络的权重矩阵 W。权重矩阵 W 的学习和调整是 RBM 训练过程中的核心任务之一，通过不断地迭代和优化，网络能够学习到输入数据的内在规律和特征表示，从而实现对数据的有效建模和分类。

受限玻尔兹曼机以其独特的对称耦合、随机反馈的二值单元神经网络结构，在特征提取、数据建模等领域展现出了强大的潜力和广泛的应用前景。

2. 深度玻尔兹曼机与深度信念网络的结构

深度玻尔兹曼机与深度信念网络在结构上有着紧密的联系，同时也存在一些关键性的差异。这两种模型都基于受限玻尔兹曼机作为其基本构建块，通过堆叠多个 RBM 层来形成深层结构，旨在捕捉数据中的复杂依赖关系和抽象特征。

然而，它们之间的主要区别在于最顶层的设计：

深度玻尔兹曼机：由若干层 RBM 直接堆叠而成，不添加其他类型的网络层。每一层 RBM 都负责学习其输入数据的内部表示，并将这些表示传递给下一层 RBM 进行进一步处理。DBM 的顶层（即最上面的 RBM 层）仍然是一个 RBM，因此它保留了 RBM 的所有特性，包括无向图结构和基于能量的模型定义。

深度信念网络：与 DBM 相似，DBN 也是由多层 RBM 堆叠而成，但在其最顶层添加了一个反向传播网络。这个 BP 网络层允许 DBN 在训练过程中使用有监督学习信号，通过反向传播算法对整个网络进行微调，以优化网络的性能。BP 层的加入使得 DBN 在处理有监督学习任务时更加灵活和强大，因为它能够直接利用标签信息来指导网络的学习过程。

深度信念网络 DBN 与深度玻尔兹曼机 DBM 在结构上的主要差别在于它们的顶层设计。DBN 的顶层是一个 BP 网络，而 DBM 的顶层则是一个 RBM。这种差异导致了两种模型在学习能力、优化策略和适用场景上的不同。

第二节　卷积神经网络

卷积神经网络（CNN）作为对传统 BP 网络的一种重要改进，在图像处理和计算机视觉领域展现出了卓越的性能。与 BP 网络相似，CNN 也遵循着前向传播计算输出与反向传播调整参数的基本框架。然而，CNN 在网络结构与数据处理方式上有着显著的不同，这些差异主要体现在其独有的特征抽取器及神经元之间的连接方式上。

具体而言，CNN 的核心在于其由卷积层和池化层交替组成的特征提取架构。卷积层通过一系列可学习的卷积核（或称"滤波器"）对输入图像进行局部特征提取，每个卷积核在图像上滑动，与对应区域的像素值进行卷积运算，从而生成特征图。这一过程实现了局部连接和权值共享，即每个神经单元仅与上一层的部分神经单元相连，且同一卷积核内的权值在图像的不同位置上是共享的。这种设计不仅减少了网络参数的数量，还赋予了 CNN 对图像平移、旋转等变换的一定程度的不变性。

紧接着卷积层之后的是池化层，其主要作用是对特征图进行下采样，通过降低特征图的分辨率来减少计算量，同时保留重要特征信息，提高网络的泛化能力。池化操作通常包括最大池化和平均池化等，它们进一步增强了 CNN 对局部特征的抽象表示能力。

CNN 与普通 BP 神经网络的主要区别在于其独有的特征抽取器结构和神经元之间的部分连接模式。CNN 通过卷积层和池化层的交替堆叠，实现了对图像数据的自动特征提取和抽象表示，这一过程无须人工设计特征，大大提高了模型在处理复杂图像任务时的效率和准确性。

一、卷积神经网络概述

（一）人脑视觉机理

机器学习，作为探索计算机如何模拟并实现人类学习过程的学科，其基础深植于对人类认知机制，尤其是视觉系统的深入理解。在解析这一过程时，我们首先要洞察人类视觉系统如何运作，如何辨识并区分出信息的优劣特征。

人类的逻辑思维，是一种高度发达且充满抽象性的能力。从视觉感知的起始阶段——光线通过瞳孔投射到视网膜上形成像素级原始信号开始，这一连串的信息处理便紧锣密鼓地展开。随后，大脑皮层中的特定细胞群会对这些信号进行初步加工，识别出如边缘、方向等基础视觉元素。这一步骤为后续的更高级别认知奠定了基础。

随着信息处理的深入，大脑开始进行更为复杂的抽象过程。它不仅能够识别出眼前物体的基本形状，如圆形，更能在此基础上进行更高层次的抽象判断，如识别出该物体具体为一只气球。这一过程充分展示了人类思维如何从具体到抽象，逐步构建对世界的认知和理解。

正是基于对人类视觉系统及其抽象思维机制的这一深入认识，人工智能领域在随后的几十年里取得了突破性的进展。研究者们借鉴了这些生物学上的发现，设计并开发了能够模拟人类学习过程的机器学习算法和模型，从而推动了人工智能技术的飞速发展。

（二）卷积神经网络的结构

卷积神经网络作为一种高效处理图像数据的深度学习架构，其结构设计深刻体现了人们对自然图像特性的深刻理解与利用。CNN 通过多层网络结构，每一层均由多个二维特征图构成，这些特征图则是由大量独立且相互协作的神经元所组成。这种层次化的组织方式，使得 CNN 能够从原始图像中逐步提取出从简单到复杂的特征表示。

CNN 的核心在于其由多个单层卷积神经网络堆叠而成的可训练多层结构，这种结构巧妙地将特征提取、下采样（或池化）及传统的神经网络层融合在一起。在单个卷积层（C 层）中，每个神经元仅与前一层中特定区域内的神经元（局部感受野）相连接，通过卷积操作提取该局部区域的特征。这一过程不仅减少了网络参数的数量，还使得 CNN 能够捕捉到图像中的局部空间相关性。

紧随卷积层之后的是特征映射层（S 层），也称为下采样层或池化层。这一层的主要作用是对特征图进行下采样处理，通过降低特征图的分辨率来减少计算量，同时保留关键特征信息。池化操作通常包括最大池化和平均池化，它们通过选取局部区域内的最大值或平均值来降低数据的空间维度，从而增强了 CNN 对图像平移、旋转等变换的鲁棒性。

CNN 的独特之处在于其特有的两次特征提取结构：每个卷积层后都紧跟着一个池化层，这种组合方式使得 CNN 能够更有效地从输入图像中提取出层次化、抽象化的特征表示。在这一过程中，每个特征图都通过一系列滤波器进行卷积操作，生成新的特征图，随后这些特征图再经过池化层进行下采样处理。这一过程在 CNN 的多个层级中重复进行，直至将图像数据转换为高层次的特征表示。

最终，经过多个卷积层和池化层的处理后，CNN 将提取到的特征图转换为一维向量，并输入到传统的全连接神经网络中执行分类或回归等任务。全连接层通过权重矩阵将提取到的特征表示映射到输出空间，从而实现对输入图像的最终识别或预测。

总结而言，卷积神经网络通过局部连接、权值共享、多卷积核及池化等关键技术，充分利用了自然图像中的局部相关性、平移不变性等特性，实现了对图像数据的高效处理与准确识别。这种独特的网络结构使得 CNN 在图像分类、目标检测、图像分割等计算机视觉任务中展现出了卓越的性能。

（三）卷积神经网络的局部连接

在图像处理领域，一个核心的实践是将图像解构为像素的集合，并进而将这些像素以向量的形式表示，以便计算机能够高效地处理与分析。这种表示方法不仅简化了图像数据的存储与传输程序，还为后续复杂的图像处理算法提供了坚实的基础。

卷积神经网络，作为一种深受生物学视觉系统启发的深度学习模型，其设计哲学深刻体现了自然界中信息处理的层级性与局部性。CNN 通过引入权值共享机制，即在同一映射面（或称为"特征图"）上的所有神经元共享同一组卷积核的权重，极大地减少了网络中的自由参数数量。这一创新不仅降低了模型的复杂度，还提高了计算效率，使得 CNN 在处理大规模图像数据时展现出卓越的性能。

从认知科学的角度来看，人类对外界的感知与理解是一个从局部细节逐步构建全局观念的过程。这一观点在图像处理领域同样适用，因为图像中的像素之间存在着复杂的空间关系：局部区域内的像素往往紧密相连，共同携带着关于图像内容的丰富信息；而距离较远的像素之间，其相关性则相对较弱。受此启发，CNN 采用了局部感知的策略，即每个神经元仅对其输入图像的一个局部区域（感受野）进行响应，而不是尝试一次性捕捉全局信息。

这种局部感知的机制不仅符合人类视觉系统的生理结构，还极大地减少了神经元之间的连接数，进而降低了神经网络需要训练的权值参数总量。在 CNN 的架构中，较低层次的神经元负责提取图像的边缘、纹理等低级特征，而较高层次的神经元则通过整合这些低级特征，逐步构建出更加复杂、抽象的高级特征表示。这一过程模拟了人类从局部到全局的认知过程，使得 CNN 能够在不需要显式编程的情况下，自动学习并识别图像中的复杂模式与结构。

（四）卷积神经网络的权值共享

在卷积神经网络（CNN）中，隐含层的每一个神经元并非与输入图像的每一个像素都建立连接，而是仅与局部区域（如 10×10 像素块）内的像素相关联。这种局部连接模式意味着每个神经元仅需要处理图像的一小部分，从而大大减少了网络中的参数数量。更进一步地，如果我们将每个神经元的这 100 个连接权值（$10 \times 10 = 100$）设置为相同，那么无论隐含层包含多少个神经元，它们与上一层之间的连接实质上仅由这 100 个参数定义，这便是卷积神经网络的权值共享机制。

权值共享背后的核心原理基于图像内容的统计平稳性假设，即图像的不同部分往往共享相似的统计特性。这意味着在一个区域学习到的特征模式同样适用于图像的其他区域。因此，通过权值共享，CNN 能够有效地利用这一特性，使得从图像小块（如 8×8 样本）中学习到的特征能够作为通用的特征探测器，应用于整幅图像的任意位置。这种操作方式不仅减少了模型参数，提高了计算效率，还赋予了 CNN 对图像平移、旋转等变换的鲁棒性。

具体实现上，通过将学习到的 8x8 特征模板与原始大尺寸图像进行卷积操作，CNN 能够在图像的每个位置上提取出相应的特征激活值。这一过程不仅实现了特征的复用，还通过卷积运算的滑动窗口机制，高效地遍历了整个图像空间，生成了丰富的特征图，为后续的分类、识别等任务提供了有力的支持。

（五）卷积神经网络的池化

在卷积神经网络的架构中，卷积层虽然能够高效地提取图像中的局部特征，但直接基于这些庞大的特征集合进行后续的分类任务，往往会面临计算资源的巨大挑战和潜在的过拟合风险。

为了有效缓解这一问题，并进一步提升模型的泛化能力，CNN 引入了池化层。池化层的作用是对卷积层输出的特征图进行下采样处理，通过聚合统计局部区域内的特征值来减少数据的空间维度。这一过程不仅显著降低了后续处理的计算量，还帮助模型捕捉到了更为鲁棒和抽象的特征表示。具体来说，平均池化通过计算区域内所有特征值的平均值来实现聚合，而最大池化则选取区域内的最大值作为代表。这两种方法各有优势，平均池化有助于保留背景信息，而最大池化则更擅长捕捉显著特征。

从视觉神经科学的视角来看，CNN 中的卷积和池化操作与生物视觉系统中神经元的工作方式有着深刻的联系。简单细胞在视觉皮层中负责检测图像的局部特征，如边缘、方向等，这与 CNN 中卷积层的功能不谋而合。而复杂细胞则进一步整合简单细胞的输出，对特征进行更高级别的抽象和不变性处理，这一过程与池化层的作用相呼应。当 CNN 与猴子等灵长类动物同时观察同一幅图像时，科学家们发现 CNN 中特定层的激活模式与猴子下颞叶皮层（IT）中神经元的响应模式存在惊人的相似性。这一发现不仅验证了 CNN 设计原理的合理性，也为人工智能与神经科学的交叉研究开辟了新的道路。通过模拟生物视觉系统的信息处理机制，CNN 能够更加高效地解析和理解图像内容，推动计算机视觉领域不断向前发展。

二、LeNet – 5 网络

LeNet – 5，作为一种专为二维图像识别设计的卷积神经网络，巧妙地将特征提取与识别功能融为一体，通过持续的学习与反向传播机制自动优化特征选择，从而实现了分类性能的最大化。该网络已在银行支票手写数字识别领域取得了显著成效。然而，为了进一步提升其通用性和效率，卷积神经网络的设计可以从多个维度进行优化。借鉴多层前馈网络的思路，我们可以引入稀疏化权重的惩罚项或竞争机制来增强网络的泛化能力。但在此，我们聚焦于卷积神经网络的层次架构及局部连接特性，通过调整各层特征图的数量与尺寸，以探索其对训练过程及识别效果的影响。

基于此，我们定义了一种新的网络模型——LeNet – 5.1，该模型在保留 LeNet – 5 基本框架的基础上进行了以下关键改进：（1）将原有的双曲正切激活函数替换为 Sigmoid 函数，确保网络中所有层的输出均被限制在 $[0,1]$ 区间内，包括输出层，这一变化旨在统一输出范围，便于后续处理。（2）去除了 F6 层，直接将输出层与 C5 层通过全连接方式相连，摒弃了原网络中的径向基函数结构，简化了网络结构，降低了计算复杂度。（3）简化了学习速率的设置，将原本复杂的学习速率序列简化为固定的 0.002，提高了训练过程的稳定性与可预测性。（4）针对输入数据，通过边缘填充背景像素的方式，我们将原始 28×28 的图像尺寸扩展至 32×32，这一改动旨在提供更多的上下文信息，可能有助于特征提取的准确性。

上述改动旨在克服 LeNet – 5 在处理非手写字符识别任务时的局限性。原始的 LeNet – 5 设计紧密围绕手写字符识别任务，其预处理步骤、激活函数参数、学习速率序列及数据填充方式均蕴含了对该特定问题的深刻理解。然而，这种高度定制化的设计限制了 LeNet – 5 在其他视觉识别任务中的直接应用。因此，LeNet – 5.1 通过更加通用的设计选择，旨在提升网络的灵活性和适应性，使其能够更快速地迁移至更广泛的图像识别领域。

三、GoogLeNet 网络

在探讨基于 GoogLeNet 的智能录播系统中对站立人脸的检测与定位技术时，我们深入剖析了 GoogLeNet 这一由谷歌团队在 21 世纪初针对 ImageNet 视觉识别挑战所设计的先进网络架构。GoogLeNet 以其独特的 Inception Module 为核心，通过堆叠九个这样的模块，构建了一个深度达到 22 层，但参数量仅为 500 万的轻量级网络，这在处理图像分类与检测任务时，尤其是在内存和计算资源受限的环境中，展现出了显著的优势。

Inception Module 作为 GoogLeNet 的灵魂，其创新之处在于并行使用不同尺寸的卷积核（包括 1×1、3×3、5×5）及 3×3 最大池化，随后通过 1×1 卷积进行降维，旨在捕捉图像在不同尺度下的特征，模拟生物视觉系统中的多尺度处理机制。这种设计不仅有效降低了模型参数，还增强了网络的特征提取能力，使得模型能够在更广泛的特征空间内进行高效学习，减少过拟合现象。

在智能录播系统的应用中，我们首先将 GoogLeNet 应用于人脸检测的迁移学习任务中，通过预训练的网络模型快速适应并优化人脸检测任务。随后，我们结合帧差法和肤色检测这两种快速有效的预处理手段，初步筛选出视频中可能包含站立人脸的活动区域，为了平衡检测精度与计算效率，设定帧差间隔为 5 帧。

在锁定的活动区域内，我们利用已经训练好的 GoogLeNet 网络进行细致的人脸检测。一旦发现人脸，我们则记录下其位置信息。考虑到站立时人脸在不同位置可能产生的不同运动轨迹，我们采用分区策略，为各个区域设定差异化的运动阈值。当检测到的人脸运动距离超过其所在区域的特定阈值时，即判定为站立状态并予以标记，从而有效过滤掉因小幅度活动而产生的误判。

具体算法实施流程详尽阐述如下。

首先，我们启动算法的核心准备阶段，通过导入预训练的 GoogLeNet 模型，利用其强大的特征提取与分类能力作为基础，进行迁移学习。迁移学习的关键在于利用大量人脸图像数据对模型进行微调，使其能够精准适应特定的人脸检测任务，从而训练出专属于我们的人脸检测网络。这一过程不仅缩短了训练时间，还提升了模型在新任务上的表现性能。

其次，算法进入视频处理阶段，自动读取视频文件，并将其逐帧拆解。每一帧图像都是后续分析的基本单元，它们承载了动态场景中的关键信息。

为了提高检测效率并减少不必要的计算开销，算法巧妙地采用了帧差法与肤色检测相结合的策略。通过选取帧差间隔为 5 的两帧图像进行差分运算，我们快速定位出视频中的活动区域。在这些活动区域内，我们进一步应用肤色检测算法，基于人类肤色的独特特征，初步筛选出可能包含人脸的候选区域。这一步骤有效缩小了人脸检测的范围，为后续处理奠定了坚实基础。

再次，在筛选出的候选区域内，算法利用之前训练好的人脸检测网络进行精确的人脸识别。若确认存在人脸，我们则立即记录下该人脸的具体位置信息，为后续的运动分析做好准备。

考虑到教室环境的特殊性，学生座位布局多样，站立时产生的位移也各不相同，为此，算法对教室空间进行了合理的分区处理，针对每个分区独立计算人脸的运动距离。通过设定合理的阈值，算法能够准确判断学生是否由坐姿转变为站姿。一旦检测到超过阈值的运动距离，我们即判定为学生站立，并实时标记其位置信息，同时保存相关帧图像以供后续分析。对于未超过阈值的小幅度运动，算法则选择忽略，从而有效避免了误判情况的发生。

上述过程在视频帧的循环处理中持续进行，直至视频文件播放完毕。最后，算法输出处理后的视频文件，其中包含了站立学生的标记信息，便于教师或管理人员快速识别并响应。

最后，值得注意的是，尽管该方法在大量实验中表现出了良好的性能，但由于实际教室环境的复杂性和多样性，仍存在一定程度的误检与漏检情况。特别是在处理非站立状态下的运动人脸时，挑战尤为突出。因此，未来的工作将聚焦于进一步优化算法，我们通过引入更先进的特征提取技术、增强模型的鲁棒性及采用更精细的运动分析策略等手段，不断提升检测准确率，减少误检与漏检的发生，确保系统能够更加稳定、可靠地服务于实际教学场景。

四、R–CNN 目标检测

R–CNN 无疑是目标检测领域的一个重大突破，它巧妙地结合了 CNN 强大的特征提取能力与支持向量机高效的分类性能，为目标检测问题提供了全新的解决思路。R–CNN 的核心思想在于，首先利用选择性搜索这一区域提议方法，从输入图像中生成一系列可能是目标的候选区域。这些候选区域作为潜在的检测目标，为后续的特征提取和分类提供了基础。

接下来，R–CNN 对每个候选区域进行缩放处理，以适配 CNN 网络输入层的固定尺寸要求。随后，我们将调整后的候选区域图像送入预训练的 CNN 模型中，进行特征提取。CNN 通过其深层的卷积和池化操作，能够从候选区域中捕捉到丰富的层次化特征，这些特征对于目标的描述和区分至关重要。

完成特征提取后，R–CNN 将提取到的特征向量作为输入，送入为特定检测任务训练的 SVM 分类器中。SVM 分类器基于这些特征向量，对候选区域进行分类，判断其是否属于某一目标类别，或者是背景。这一过程实现了从候选区域到具体目标类别的映射，从而完成了目标检测的任务。

此外，R–CNN 还采用了边界框回归技术，对检测到的目标边界框进行微调，以提高目标定位的精确度。通过最小化预测边界框与真实边界框之间的差异，边界框回归能够进一步优化检测结果，使其更加接近实际目标的位置和形状。

R–CNN 通过将 CNN 与 SVM 等经典机器学习算法相结合，成功地将深度学习技术引入目标检测领域，并实现了显著的性能提升。其独特的检测思想和方法论，为后续的目标检测算法研究提供了宝贵的经验和启示。

R–CNN 结构模型的工作流程主要包括以下三个阶段。

（一）候选区域提取阶段

在目标检测的任务中，一个至关重要的步骤是从原始图像中高效地选取出可能包含目标的候选区域。R–CNN 目标检测算法巧妙地采用了选择搜索算法来实现这一过程，显著区别于传统的穷举搜索方法。

选择搜索算法的核心优势在于其智能的区域合并策略，而非盲目地遍历所有可能的区域组合。该方法首先运用图像分割技术，将原始图像划分成多个初始的小区域。随后，通过一种分层算法，这些区域在多尺度上被进一步分割与合并，以适应不同尺寸的目标对象。这一多尺度处理机制确保了算法能够捕捉到图像中各种大小的潜在目标。

在区域合并的过程中，选择搜索算法采用了多样化的相似性判断标准，而非依赖于单一的特征。这些相似性策略综合考虑了多个维度，包括但不限于纹理特征、颜色特征、区域大小及区域之间的相似度等。这种多维度的相似性评估使得算法能够更准确地判断哪些区域更有可能组合成一个有意义的目标候选区域。

具体来说，算法会根据上述特征计算区域间的相似度，并基于这些相似度分数来决定哪些区域应该被合并。通过迭代地合并最相似的区域，算法逐步构建出一系列可能包含目标的候选区域。这些候选区域不仅数量远少于穷举搜索产生的候选区域，而且质量更高，因为它们更有可能真正包含目标对象。

R-CNN 中的选择搜索算法通过智能的区域合并策略和多样化的相似性判断，有效解决了目标检测中的候选区域选择问题，为后续利用卷积神经网络进行特征提取和分类打下了坚实的基础。

（二） CNN 提取图像特征阶段

在 R-CNN 算法中，由于神经网络（尤其是其全连接层部分）对输入数据的维度有着严格要求，这直接导致了原始图像中通过 selective search 等方法获取的候选区域在送入 CNN 进行特征提取之前，必须被调整至一个统一的固定尺寸。这一步骤对于确保算法流程的一致性和后续处理的可行性至关重要。

为了实现这一尺寸标准化，R-CNN 算法采用了一种直接而相对简单的方法，即对候选区域图像进行扭曲变形，以适配 CNN 网络输入层的特定尺寸需求。在 Ross Girshick 及其团队的研究中，他们选用了基于 AlexNet 架构的 CNN 模型，该模型要求输入图像的尺寸为 227×227 像素。因此，所有候选区域图像都被调整至这一固定大小，无论其原始尺寸如何。

这种扭曲变形操作虽然简单直接，但也可能引入一定的图像失真，特别是在候选区域的长宽比与目标尺寸相差较大时。然而，考虑到其对于实现目标检测任务的必要性和在当时技术条件下的可行性，这种方法仍然被广泛应用并取得了显著成效。

经过尺寸调整后的候选区域图像随后被送入 CNN 模型中进行特征提取。CNN 利用其深层的卷积和池化层结构，从图像中提取出高度抽象和具有判别力的特征表示。这些特征向量不仅捕捉到了图像的局部细节，还蕴含了丰富的上下文信息，为后续的分类任务提供了坚实的基础。

在特征提取完成后，R-CNN 算法利用支持向量机（SVM）分类器对候选区域的特征向量进行分类，以确定其是否属于某一特定目标类别。这一过程将目标检测问题转化为了一个分类问题，并通过机器学习的方法实现了高效解决。同时，为了进一步提高目标定位的精确度，R-CNN 还采用了边界框回归技术对检测到的目标边界框进行微调。

（三） 分类判定阶段

在目标检测的流程中，紧随候选区域提取之后的关键步骤是对这些区域进行分类判定，以确定它们是否真正包含了目标对象。R-CNN（Regions with CNN features）算法在这一阶段采用了精心设计的分类策略，其核心是利用训练好的线性 SVM（支持向量机）分类器对候选区域的特征进行分类。值得注意的是，对于每一个目标类别，R－CNN 都会独立训练一个对应的线性 SVM 分类器，这种一对一的分类器设计确保了分类的准确性和针对性。

在 R－CNN 的结构模型中，用于特征提取的 CNN（卷积神经网络）部分是基于在 ILSVRC 这一大规模图像识别竞赛中预训练的 AlexNet 模型。预训练模型的使用极大地加速了 R－CNN 的训练过程，并为其提供了强大的特征表示能力。然而，为了进一步提高模型在特定任务（如 PASCAL VOC 数据集上的目标检测）上的性能，R－CNN 还对这些预训练的参数进行了微调。通过在 PASCAL VOC 等小规模数据集上进行微调，模型能够更好地适应目标检测任务的特定需求，相比直接使用预训练的 AlexNet 模型，性能提升了约 8 个百分点。

为了训练这些线性 SVM 分类器，我们需要准备相应的训练数据。在准备过程中，包含目标的候选区域被标记为正样本，而背景区域则被标记为负样本。对于与目标有重叠的候选区域，R－CNN 采用了一种基于重叠区域比率阈值的方法来处理。具体而言，如果一个候选区域与目标区域的重叠比例超过 0.3（IoU，交并比大于 0.3），则该候选区域被视为正样本；反之，如果重叠比例低于 0.3，则被视为负样本。这种策略有助于确保分类器能够学习到区分目标与背景的有效特征，从而提高目标检测的准确性。

在 R－CNN 结构模型的目标定位流程中，非极大值抑制（NMS）扮演着至关重要的角色，特别是在处理测试样本上生成的大量重叠候选区域时。NMS 算法有效提升了最终检测结果的质量，其通过以下步骤实现：

初始筛选：首先，对于每个目标类别，保留所有候选区域中得分最高的那一个，作为该类别的一个潜在检测结果。

重叠区域过滤：其次，针对每个类别剩余的候选区域，算法会检查它们与当前已保留的候选区域之间的重叠率（通常使用交并比 IoU 作为度量）。如果某候选区域与已保留区域的重叠率超过预设的阈值，则认为该候选区域与已保留区域高度重叠，应予以剔除，以避免重复检测。

迭代筛选：在剔除重叠区域后，算法会再次从剩余的候选区域中找出得分最高的一个，并重复上述重叠区域过滤的步骤。这一过程持续进行，直到没有更多候选区域满足剔除条件。

结果汇总：经过 NMS 处理后，每个类别下所有保留下来的候选区域即被视为该类别目标的最终检测结果。

此外，为了进一步提高目标定位的精确度，R－CNN 还引入了边界框回归技术。这一技术通过对候选框进行微调，以更好地匹配目标的实际边界。候选框的变换参数是在 CNN 模型微调过程中学习得到的，它们能够基于原始候选框的位置信息，预测出更精确的边界框坐标。通过这种方式，R－CNN 不仅实现了对目标的准确分类，还显著提升了目标定位的精度。

第三节　生成对抗网络

生成对抗网络（GAN）是一种强大的机器学习框架，其核心思想在于利用计算机基于已有的样本集生成高度相似的新样本。GAN通过构建一个生成模型和一个判别模型来实现这一过程，两者在相互对抗与学习中不断优化，最终达到一种动态平衡，生成极其逼真的输出。理论上，GAN并不严格限定生成模型和判别模型必须是神经网络，任何能够模拟生成和判别过程的函数形式都是可行的。然而，在实践中，由于深度神经网络在表示复杂数据和学习非线性关系方面的卓越能力，它们几乎无一例外地被用作GAN中的生成模型和判别模型。

要实现高效的GAN应用，精心的训练方法至关重要。这是因为神经网络模型具有高度的灵活性，若训练方法不当，可能会导致模型过拟合、模式崩溃或生成结果不理想等问题。因此，研究者们不断探索各种训练技巧和策略，如梯度惩罚、特征匹配、谱归一化等，以确保GAN的稳定性和生成样本的质量。

目前，GAN的应用领域极为广泛，但最为人所熟知的仍是其在图像生成方面的应用。GAN能够生成从简单的手写数字到复杂的自然场景图像等各种类型的逼真图像，甚至在某些情况下，生成的图像在视觉上几乎无法与真实图像区分开来。此外，随着技术的不断进步，GAN的应用范围正逐渐扩展到视频生成、音频合成、文本创作等多个领域，展现出其巨大的潜力和广泛的应用前景。

一、生成对抗网络概述

（一）GAN概述

生成对抗网络（GAN）的核心理念深受博弈论中二人零和博弈的启发。在二人零和博弈的框架内，两个参与者的利益总和维持为零或一个恒定的值，意味着一方的收益直接对应于另一方的损失。GAN模型巧妙地借鉴了这一概念，通过构造两个相互对抗的学习实体——生成模型G与判别模型D，来模拟这一动态过程。

生成模型G在GAN中扮演着捕捉并模仿真实数据分布的角色，其目标是生成尽可能接近真实样本的新数据。这要求G能够学习到真实数据中的潜在规律和特征，从而生成出难以与真实数据区分的伪造样本。

另外，判别模型D则充当了一个监督者的角色，它本质上是一个二分类器，负责区分输入数据是来自真实数据集还是由生成模型G产生。D的训练目标是最大化其正确分类的能力，即准确区分真实样本与生成样本。

GAN的训练过程实质上是一个"极小极大博弈"的求解过程。在这个过程中，生成模型G试图最小化D区分其生成样本与真实样本的能力，而判别模型D则努力最大化这种区分能力。这种对抗性的训练促使两个模型不断优化，直到达到一个平衡点，即纳什均衡状态。在这一状态下，生成模型 G 能够完美地恢复训练数据的分布，以至于判别模型 D 无法准确判断输入数据是真实还是生成的，从而其准确率理论上会趋近于 50%，表明 D 失去了区分真实与生成样本的能力。这一过程不仅推动了生成模型 G 生成更加逼真的数据，也体现了 GAN 模型在复杂数据分布学习上的强大潜力。

（二）GAN 的优缺点

生成对抗网络作为一种创新的生成模型，其独特之处在于同时引入了生成网络和判别网络两个相互对抗的组件，通过二者之间的动态博弈实现模型的优化。这一特性使得 GAN 在多个方面展现出显著优势：

首先，GAN 的训练过程直接利用反向传播算法，无须复杂的马尔可夫链操作，简化了训练流程。其次，与传统生成模型相比，GAN 能够生成更加丰富多样、清晰逼真的样本，这得益于其对抗性训练机制对样本分布的有效学习。此外，GAN 起初专注于无监督学习，但后续发展使其同样适用于有监督学习场景，生成符合特定要求的目标图像，极大地增强了其普适性。在与其他生成模型如变分自编码器的比较中，GAN 避免了引入额外偏置，且不受训练下界的限制，理论上能够更准确地捕捉训练样本的分布，展现出渐进一致性。此外，GAN 的灵活性和学习能力使其能够跨越多个应用场景，如图像风格迁移、超分辨率增强、去噪等，无须烦琐的手动设计损失函数，只需明确训练目标即可自动学习映射关系。

然而，GAN 并非完美无缺。其训练目标是达到纳什均衡，但实现这一目标并非易事，GAN 网络的不稳定性是一大挑战，我们需要持续探索更有效的收敛策略。此外，GAN 在处理离散数据如文本时表现不佳，且训练过程中可能遭遇梯度消失、训练不稳定及模式崩溃等问题。尽管如此，GAN 依然是深度学习领域的研究热点，其在无监督、半监督学习中的广泛应用，以及在生成与分类领域的双重突破，都预示着其巨大的发展潜力。特别是在图像翻译、去噪、分类等领域，GAN 已展现出卓越的性能，成为推动相关技术进步的重要力量。

（三）改进的生成式对抗网络

1. DCGAN

深度卷积生成对抗网络（DCGAN），作为 GAN 家族的一个重要分支，其通过巧妙地将卷积神经网络集成到生成模型 G 与判别模型 D 中，显著提升了生成性能，引领了众多生成式网络架构的优化方向。DCGAN 的革新之处体现在以下几个方面：

首先，它摒弃了传统深度卷积网络中的池化层，转而通过精心设计的判别器和生成器结构来实现特征的下采样和上采样，这一转变不仅简化了网络结构，还促进了模型性能的提升。

其次，DCGAN 移除了全连接层，这一举措显著增强了网络的稳定性，减少了过拟合的风险，使得模型在训练过程中更加稳健。

再次，批量归一化技术的引入是 DCGAN 的另一大亮点。在生成器 G 和判别器 D

中广泛采用批量归一化，不仅有助于梯度有效传递到网络的每一层，还有效解决了生成器将所有样本收敛到单一模式的问题，提高了样本的多样性。

此外，在激活函数的选择上，DCGAN 也做了精心的考量。在生成器 G 中，除了输出层采用双曲正切函数以确保输出值在特定范围内，其余层均采用了线性整流函数，以加速训练过程并提升模型非线性表达能力。而在判别器 D 中，则统一采用了带泄露的线性整流函数，这一选择使得 DCGAN 相较于传统 GAN 具有更强的生成能力，网络训练过程展现出了更快的收敛速度和更高的稳定性。

尽管 DCGAN 在生成对抗网络领域取得了显著进展，但仍然存在一些挑战，如生成图像的分辨率受限等问题，这也为后续研究指明了方向，推动了生成式对抗网络技术的持续进步。

2. SGAN

半监督生成对抗网络（SGAN）是一种扩展的 GAN 架构，其独特之处在于能够将真实数据及其类别信息同时作为输入传递给判别器。这种设计赋予了判别器 D 双重职责：不仅能够区分输入图像是来自真实数据集还是由生成器 G 生成，还能够准确判断真实图像的所属类别。通过这一机制，判别器 D 的判别能力得到了显著提升，因为它在训练过程中同时学习到了图像的真实性与类别信息。

在 SGAN 中，由于判别器被要求同时执行分类任务，这种多任务的训练方式不仅促进了判别器自身性能的优化，还间接地对生成器 G 产生了积极影响。生成器 G 在尝试欺骗判别器的过程中，必须生成出既逼真又能够体现特定类别特征的图像，以满足判别器日益增强的判别能力。因此，相较于传统的生成对抗网络，SGAN 中的生成器 G 生成的图片质量往往更高，更能符合真实世界的复杂性和多样性要求。

总体而言，半监督生成对抗网络通过引入类别信息到判别器的训练中，不仅增强了判别器的判别能力，还提升了生成器的生成质量，使得整个网络在性能上优于普通的生成式对抗网络。这种设计使得 SGAN 在需要同时利用有标签和无标签数据进行学习的半监督学习场景中表现出色，展现了其广泛的应用潜力和研究价值。

3. InfoGAN

互信息生成对抗网络（InfoGAN），作为生成对抗网络的一个创新扩展，通过引入一个包含多个变量的潜在代码，赋予了模型更强的可控性和解释性。这一潜在代码不仅作为生成过程中的随机种子，还承载着影响生成样本特定属性的能力。为了指导这一潜在代码的学习，并确保生成器能够有效利用这些代码来生成多样化的样本，InfoGAN 在目标函数中增加了一项互信息的度量。

互信息是衡量两个变量之间共享信息量的一个统计量，在 InfoGAN 的上下文中，它被用来量化潜在代码与生成样本之间的关联程度。通过最大化潜在代码与生成样本之间的互信息，InfoGAN 鼓励生成器学习一种映射，使得潜在代码的不同维度能够控制生成样本的不同可解释性特征。

具体来说，在 InfoGAN 的训练过程中，生成器不仅尝试欺骗判别器，使其难以区分生成样本与真实样本，还努力确保潜在代码能够影响生成样本的特定属性。同时，判别器除了执行传统的真假判别任务外，还间接参与到互信息的最大化过程中，通过其反馈帮助生成器更好地调整潜在代码与生成样本属性之间的关系。

因此，在 InfoGAN 框架下，用户可以通过调整潜在代码的不同维度来改变生成图片的属性，如调整数字的粗细、倾斜度或是人脸的表情、发型等。这种能力使得 InfoGAN 在图像生成、风格迁移等领域展现出广泛的应用潜力，同时也为生成模型的可控性和可解释性研究开辟了新的方向。

4. CGAN

条件生成式对抗网络（CGAN）是为了解决传统生成对抗网络中生成过程不可控的问题而设计的一种扩展模型。通过在 GAN 的基础上引入监督信息作为条件变量，CGAN 能够指导生成器和判别器的训练过程，进而提升生成样本的多样性和准确性。

在 CGAN 中，无论是生成器 G 还是判别器 D，都被赋予了条件变量的输入。这些条件变量可以是类别标签、文本描述，甚至其他模态的数据，具体取决于应用场景的需求。通过将条件变量分别传递给生成器 G 和判别器 D，CGAN 能够学习到条件变量与生成样本之间的关联，从而实现对生成过程的精确控制。

当条件变量选择为类别信息时，CGAN 实际上将原本无监督的 GAN 模型转变为了有监督的模型。在这种情况下，生成器 G 在生成样本时不仅需要考虑如何欺骗判别器 D，还需要确保生成的样本符合指定的类别条件。同样地，判别器 D 在判断样本真伪的同时，也需要准确识别样本的类别。

在 CGAN 的生成模型 G 中，新的输入由原始噪声向量和条件变量共同组成。这种组合方式使得生成器能够根据条件变量的指导生成特定类别的样本。尽管输入发生了变化，但 CGAN 的最终目标函数仍然保持了与基础 GAN 相同的极小极大值博弈形式，即生成器试图最小化目标函数以生成更逼真的样本，而判别器则试图最大化目标函数以更准确地区分真实样本和生成样本。

条件生成式对抗网络通过引入条件变量作为监督信息，有效地改善了传统 GAN 的不可控性，提升了生成样本的质量和可控性，同时保留了 GAN 模型的核心优化机制——极小极大值博弈。这使得 CGAN 在需要精确控制生成过程的场景中展现出强大的应用潜力和研究价值。

5. AC – GAN

相较于其他生成式网络，AC – GAN 的独特之处在于其判别器设计上的多功能性。AC – GAN 的判别器不仅仅负责区分输入样本是真实数据还是生成数据这一传统任务，更重要的是，它还能够对输入样本进行分类，即识别出样本所属的类别标签。这种设计使得 AC – GAN 在生成图像的同时，能够保持对图像内容的精准控制，增强了模型的可解释性和实用性。

在实际训练过程中，AC – GAN 的目标函数由两部分组成：一是源于真实数据或生成数据的真假判别概率，用于指导生成器生成更加逼真的样本，并帮助判别器提升区分真假样本的能力；二是正确的分类标签概率，这一部分确保判别器能够准确识别样本的类别，同时也鼓励生成器生成符合特定类别特征的样本。

通过将标注信息直接输入生成器中，AC – GAN 能够生成与指定类别相匹配的图像，这种条件生成能力极大地扩展了生成模型的应用场景。此外，在判别器中调节损失函数以优化分类性能，不仅提升了判别器对图像类别的识别准确率，还间接促进了生成器生成更加符合类别特征的高质量图像，因为生成器需要生成足够好的样本以欺骗分类能力强大的判别器。

AC – GAN 通过其判别器的多功能设计及生成器和判别器之间的紧密协作，实现了在生成高质量图像的同时，保持对图像内容的精准控制，从而在判别和生成性能上均表现出色。

二、GAN 框架

生成对抗网络的核心架构由两个关键组件构成：生成器与判别器。生成器的核心职责是创造逼真的图像，其目标是将生成的虚假图像呈现给判别器，力求让判别器误判为真，即输出接近 1 的值。这一过程通过判别器对生成图像的反馈进行反向传播，驱动生成器不断自我优化，提升其图像生成能力。

另外，判别器扮演着鉴别真伪的角色，它负责分析输入图像的来源——无论是真实图像还是生成器制造的假图像。判别器的输出是一个位于 0 到 1 的数值，这个数值反映了其判断输入图像真实性的置信度：输出值越接近 1，表明判别器越倾向于认为图像是真实的；反之，输出值越接近 0，则意味着判别器认为图像很可能是伪造的。

生成器与判别器之间的这种互动关系构成了 GAN 的核心博弈机制。在不断的对抗与学习中，两者相互促进，共同进化。生成器努力生成更加难以被辨别的图像，而判别器则不断提升其辨别真伪的能力。这一动态过程持续进行，直至达到一个平衡点，即判别器对于生成器生成的图像与真实图像的判断结果趋于一致，输出值徘徊在 0.5，标志着生成对抗网络已经收敛，达到了纳什均衡状态。

三、GAN 的应用

（一）GAN 主要可以解决的问题

GAN 作为一种强大的生成模型，其主要能够解决的问题包括但不限于以下几个方面：

（1）训练数据的分布规律的学习：GAN 通过生成器与判别器的对抗训练，能够学习到训练数据的内在分布规律，进而生成与真实数据相似的新样本。

（2）生成缺失数据：在数据集中存在某些类别的样本缺失时，GAN 可以基于已有数据生成缺失类别的样本，从而丰富数据集。

（3）多标签预测的支持：虽然 GAN 本身不直接进行多标签预测，但结合适当的架构调整（如条件 GAN），它可以生成与多个标签相对应的样本，间接支持多标签数据的生成。然而，直接的多标签预测任务通常不是 GAN 的主要应用场景。

（4）按照真实环境条件生成相应数据：GAN 能够模拟真实世界中的复杂环境条

件，生成符合这些条件的逼真数据，这在环境模拟、数据增强等领域有广泛应用。

（5）模拟预测具有时序关系的视频图像：通过结合循环神经网络或长短期记忆网络等时序模型，GAN 可以生成具有时序依赖性的视频或图像序列，模拟动态变化的过程。

（6）模型推断问题：GAN 在模型推断方面也有一定的应用潜力，尤其是在生成模型与真实数据分布非常接近时，其可以用于推断未见过的数据样本的属性或类别。然而，这并非 GAN 的主要设计目标，且具体效果取决于模型的训练质量。

（7）特征表示：GAN 在训练过程中，生成器和判别器都会学习到数据的深层特征表示。这些特征表示不仅有助于生成高质量的样本，还可以用于其他任务，如分类、聚类等，提供了一种有效的特征提取方法。

需要注意的是，虽然 GAN 在多个领域展现出了巨大的潜力，但每个应用场景都有其特定的挑战和要求，我们需要针对具体问题进行适当的模型调整和优化。

（二） GAN 主要应用

生成对抗网络在多个领域展现了其强大的潜力与应用价值。首先，在多标签预测任务中，GAN 不仅能够学习数据样本的内在分布规律，有效区分真实数据与生成数据，还能结合样本的多个类别标签进行精准的多标签预测。例如，通过深度挖掘海量数据，GAN 可以应用于复杂场景如人物头像特征预测或视频序列中下一帧内容的精准推测，极大地丰富了预测任务的维度与准确性。

其次，在图像检索领域，GAN 展现出卓越的特征提取与匹配能力。它能够从庞大的图像库或特定档案中学习并提取关键特征，为高效的图像检索搜索提供技术支持。这种能力使得用户能够快速定位到目标图像，极大地提升了信息检索的效率与准确性。

最后，GAN 在文本到图像翻译方面同样取得了显著进展。通过构建专门的 GAN 网络，研究者实现了从自然语言文本直接生成对应图像，这一过程不仅保留了文本描述的核心信息，还模拟了真实世界中图像与文本之间复杂而微妙的关联。此外，GAN 还能深入分析单个文本样本与多个可能图像之间的多模态匹配问题，为跨模态生成任务提供了全新的解决方案与视角。

（三） 生成对抗网络在神经影像中的应用

神经影像学技术，作为探索大脑奥秘的关键窗口，深刻揭示了大脑的结构复杂性、功能动态性、神经化学活动的微妙变化及不同脑区间的复杂交互作用，对于阐明神经系统疾病的病理机制具有不可估量的价值。生成对抗网络作为一种前沿的深度学习模型，在神经影像领域的应用日益广泛，其独特的架构为处理和分析神经影像数据提供了创新路径。GAN 在神经影像中的应用主要聚焦于两大核心方向：一是利用生成器（G）探索神经影像的基本特征结构，进而生成高质量的合成图像；二是借助判别器（D）精准识别神经影像中的细微差异，助力疾病的早期诊断与精准治疗。以下是我们对 GAN 在神经影像中几个关键应用领域的现状综述：

图像增广：在神经影像分析中，样本稀缺是一个常见问题。GAN 通过生成逼真的合成图像，有效解决了这一问题。生成器能够学习到真实影像数据的分布规律，并据此产生多样化的样本，增强了模型的泛化能力，对提升分类、检测等任务的性能至关重要。

跨模态生成：神经影像数据往往包含多种模态（如 MRI、PET、fMRI 等），每种模态提供了大脑不同方面的信息。GAN 能够实现跨模态生成，即根据一种模态的影像数据生成另一种模态的影像，这促进了多模态数据的融合分析，为全面理解大脑功能提供了新视角。

图像重建：在加速成像或低剂量成像场景下，GAN 通过其强大的生成能力，能够从部分或低质量数据中重建出高质量的完整影像。这不仅提高了成像效率，还降低了患者接受辐射的风险，为临床应用带来了便利。

图像分割：图像分割是神经影像分析中的基础任务之一，旨在将影像中的不同组织或结构准确区分开来。GAN 可以通过生成精细的分割掩膜或直接优化分割网络，提高分割的精度和效率，对于病灶检测、脑区划分等具有重要意义。

图像分类与识别：在神经影像分类任务中，GAN 可以通过数据增广改善分类器的性能，同时其判别器也可以直接用于分类任务，通过判别真实与生成影像之间的差异，提升分类的准确性和鲁棒性。此外，GAN 还能辅助识别特定脑区或病变特征，为疾病诊断提供支持。

目标检测：在神经影像中，目标检测通常指识别并定位影像中的特定结构或病变。GAN 通过生成器模拟病变样本，帮助训练更鲁棒的目标检测器；同时，判别器也可被用于直接检测任务，通过区分正常与异常区域，实现精准的目标定位。

GAN 在神经影像领域的应用展现出巨大的潜力和广泛的应用前景，为神经系统疾病的早期诊断、精准治疗及大脑功能研究的深入探索提供了强有力的技术支持。随着技术的不断进步和研究的深入，GAN 在神经影像中的应用将更加广泛和深入。

1. 图像增广

在卷积神经网络的训练过程中，为了提升模型的泛化能力和避免过拟合，对训练样本进行数据增广是一项常见且有效的策略。传统的方法，如缩放、旋转、翻转、平移及弹性变形等，确实能够在一定程度上丰富数据集，通过引入样本的多样性来提升模型对图像变换的鲁棒性。然而，这些基于几何变换的方法有其局限性，因为它们所生成的图像仍然受限于原始影像的模态，难以捕捉到特定病理位置在形状、位置及外观上的复杂变化，这些变化往往是医学影像分析中的关键信息。

为了应对这一挑战，生成对抗网络为神经影像数据增广提供了一个创新且强大的解决方案。GAN 通过其独特的生成器与判别器对抗训练机制，能够学习到原始数据集的复杂分布，并生成与真实样本高度相似但又具有新颖性的合成图像。这些合成图像不仅保留了原始影像的基本特征，还能在病理细节上展现出更高的变异性，如病变的形状、大小和位置的多样化变化。

因此，利用 GAN 进行数据增广，可以显著扩展医学影像数据集的范围，为 CNN 等深度学习模型提供更加全面和丰富的训练样本。这种方法不仅有助于提升模型在识别、分类及诊断等任务中的性能，还有助于模型更好地泛化到未见过的病理情况，为医学影像分析领域带来革命性的变革。

2. 跨模态生成

神经影像学的进步带来了多种影像模态的广泛应用，每种模态在医学和生物领域都有其独特的价值和应用场景。跨模态生成技术，旨在实现从一种影像模态到另一种影像模态的转换，这不仅能够降低复杂医学影像数据的采集成本，还促进了多模态数据的融合与分析，为临床决策提供了更为全面的信息支持。

然而，在跨模态生成的过程中，尤其是使用如 Cycle GAN 这样的无监督生成对抗网络时，一个显著的挑战是输入图像与生成图像之间往往缺乏直接的结构性约束，这可能导致生成图像在结构一致性方面存在不足。为了克服这一难题，研究者们不断探索新的网络架构和训练方法，以确保跨模态生成结果既能保持源模态的关键特征，又能准确反映目标模态的特有属性。

在此背景下，多模态神经影像融合技术显得尤为重要。它通过整合来自不同模态的互补信息，有效弥补了单一模态影像在信息量、分辨率或对比度等方面的不足，从而提高了疾病诊断的准确性和可靠性。残差网络作为一种先进的深度学习架构，通过引入跳跃连接在卷积层之间构建残差块，极大地解决了深层网络训练过程中常出现的梯度消失和网络退化问题。这种结构优势使得残差网络在多模态影像融合任务中表现出色，能够在融合 CT/MRI、MRI/SPECT 等多种模态时，既保留原图像的轮廓和细节信息，又实现不同模态间信息的有效整合。

实验效果对比图和客观评价指标进一步验证了残差网络在多模态神经影像融合中的优越性。这些结果不仅展示了融合图像在视觉上的高质量，还通过量化指标如结构相似性、峰值信噪比等，客观反映了融合方法在保留细节、提升信息丰富度方面的显著成效。因此，结合残差网络的多模态神经影像融合技术为医学影像分析领域开辟了新的研究方向，有望在未来成为提升疾病诊断效能的重要手段。

3. 图像重建

在医疗成像领域，临床环境的诸多限制，如对患者辐射暴露的最小化要求及对患者舒适度的考虑，常常促使医疗机构倾向于采集低分辨率或低放射剂量的图像。然而，这类图像往往难以满足高精度诊断或定量分析的需求。为此，生成对抗网络作为一种强大的深度学习工具，为从低质量图像中重建高分辨率或等效于高放射剂量效果的图像开辟了新的途径，极大地丰富了临床可用的信息量。

在 GAN 的应用框架内，通过精心设计生成器和判别器的结构，我们可以在保持图像域数据（图像像素值）保真度的前提下，显著提升图像的分辨率或模拟出与高放射剂量图像相似的细节丰富度和对比度。这一过程不仅克服了原始图像数据本身的限制，还通过生成器的学习能力，引入了原本在低分辨率或低剂量图像中缺失的高频信息，从而实现了图像质量的显著提升。

特别是在磁共振成像（MRI）重建中，GAN 的优势更为显著。MRI 作为一种非侵入性的成像技术，虽然不涉及电离辐射，但其成像时间较长且对运动伪影敏感。利用 GAN 进行 MRI 图像重建时，我们不仅可以基于原始空间数据（即 k 空间数据）进行操作，以确保频域信息的保真度，还可以通过生成器直接生成高质量的图像，减少了对长时间扫描的需求，提高了患者的舒适度。这种方法不仅加速了成像过程，还通过生成器的优化，有效抑制了运动伪影，进一步提升了图像的质量。

GAN 在医疗成像领域的应用，特别是在低分辨率或低剂量图像重建方面，为临床应用和定量分析提供了重要支持。通过保持图像域和频域数据的保真度，GAN 技术成功克服了传统成像技术的局限性，为医疗影像学的未来发展开辟了新的道路。

第四节　循环神经网络

一、循环神经网络概述

循环神经网络（RNN）是专为处理序列数据（如时间序列、文本序列等）而设计的一种神经网络架构。与传统的前馈神经网络相比，RNN 在结构上最为显著的特点是其内部循环神经单元之间的链式连接模式。这种连接模式允许隐藏层的神经元不仅接收来自其他神经元的信息，还接收来自自身在前一时刻的输出信号，从而形成了一个具有环路的网络结构。这种设计赋予了 RNN 独特的"记忆"功能，使其能够捕捉并利用序列数据中的时间依赖性，即考虑之前出现的信息对当前处理的影响。

在 RNN 中，每个神经元在任意时刻的输入都包含了两部分：一部分是当前时刻外部输入的信息，另一部分是来自该神经元自身在上一时间步的输出。这种机制确保了 RNN 能够处理输入序列中的时序信息，学习序列数据的特征表示，以及识别序列中元素之间的长期依赖关系。因此，RNN 能够将当前时刻的输入序列映射到对应的输出序列，并具备预测序列未来发展趋势的能力。

理论上，RNN 能够处理任意长度的序列数据，这使得它在处理视频、语音、文本等连续或离散序列数据的应用场景中表现出色。然而，在实际应用中，由于梯度消失或梯度爆炸等问题，传统的 RNN 在处理非常长的序列时可能会遇到困难。为了克服这些限制，研究者们提出了多种 RNN 的变体，如长短期记忆网络和门控循环单元，它们通过引入额外的控制门机制来更有效地管理信息流动，从而提高了处理长序列数据的能力。

二、LSTM 长短期记忆网络

（一）长短期记忆网络

循环神经网络由于其结构特性，在处理长序列数据时确实面临着梯度消失的问题。这一问题导致网络难以有效捕捉并"记忆"距离当前时刻较远但至关重要的信息，从而限制了 RNN 在需要长期依赖关系建模任务中的应用效果。

为了克服这一局限性，长短期记忆网络应运而生，它通过引入一系列精心设计的门控机制（包括输入门、遗忘门和输出门）来增强 RNN 的记忆能力。这些门控单元是 LSTM 的关键组成部分，它们以数值 0 到 1 的权重形式存在，用于精细调控信息流。

遗忘门：负责决定从上一时刻的单元状态中丢弃哪些信息。遗忘门的权重决定了过去信息被保留的程度，通过遗忘门的作用，LSTM 能够选择性地遗忘那些不再重要的信息，从而避免无用信息的累积对模型性能造成负面影响。

输入门：决定哪些新信息将被添加到当前单元状态中。输入门与候选单元状态（通过另一个非线性变换得到）共同作用，更新单元状态。这一机制确保了 LSTM 能够学习并存储新的重要信息，同时保持单元状态的更新是可控的。

输出门：控制当前单元状态中有多少信息将被输出到 LSTM 的当前输出值。输出门根据当前单元状态的值来决定哪些信息对当前任务是有用的，并据此调整输出。

通过上述门控机制，LSTM 能够在序列学习过程中有效缓解梯度消失问题，使得网络能够处理更长的序列数据，并更好地捕捉序列中的长期依赖关系。这种能力极大地提升了 RNN 在语音识别、自然语言处理、时间序列预测等领域的应用效果，使得 LSTM 成为处理序列数据的重要工具之一。

（二）优化算法

损失函数在神经网络中扮演着至关重要的角色，它衡量了模型预测值与真实标签之间的差异程度，是评估神经网络性能的关键指标。一般而言，损失函数值越小，表示神经网络的映射性能越优，即模型对数据的拟合程度越高。为了提升网络性能，训练过程的核心目标就是通过调整神经网络的权重参数来最小化这一损失函数。

在循环神经网络（RNN）的训练中，这一过程与传统全连接神经网络的训练类似，但考虑到 RNN 处理序列数据的特性，其权重更新需要特别关注序列中的时间依赖性。然而，对于大型神经网络，尤其是那些包含数十甚至上百个隐藏层的深度网络，直接通过损失函数对权重求导来寻找全局最优参数变得不可行，因为计算复杂度极高且可能遭遇梯度消失或梯度爆炸等问题。

为了应对这些挑战，梯度下降算法及其变种被广泛采用来迭代逼近损失函数的最小值。梯度下降算法的基本原理是：在损失函数的梯度（导数）方向上，函数值变化最快。因此，通过迭代计算梯度并沿着梯度的反方向更新权重，我们可以逐步逼近损失函数的局部最小值。值得注意的是，由于初始化位置的不同，算法可能收敛到不同的局部最小值。为了尽可能接近全局最优解，一种策略是多次随机初始化权重，然后取多次训练结果的平均值或最优值作为最终解。

在众多梯度下降算法中，有几种特别适用于深度神经网络的优化算法：

AdaGrad：该算法能够根据参数的不同自动调整学习率，对于不常更新的参数给予较大的学习率，对于频繁更新的参数则逐渐降低学习率。这种自适应的学习率调整机制有助于模型更有效地学习。

RMSProp：作为 AdaGrad 的一种改进，RMSProp 通过引入衰减因子来平衡历史梯度的影响，使得算法在变化不大的方向上保持较大的学习率，而在变化剧烈的方向上快速调整，从而提高了算法的稳定性和收敛速度。

Adam：Adam 算法结合了动量和 RMSProp 的思想，它不仅利用了梯度的指数移动平均来加速收敛，还通过梯度的未中心化方差来动态调整每个参数的学习率。Adam 算法因其高效性和鲁棒性，在深度学习中得到了广泛应用。

（三）LSTM 网络模型设计

在工控网络，特别是电力系统的网络环境中，由于其应用场景的高度专一性，网络流量在正常情况下展现出显著的平稳性和周期性特征。这种规律性使得网络流量数据在时间序列上呈现出可预测的模式。然而，当网络遭受异常攻击或发生故障时，这种平稳与周期性将被打破，流量数据会在多个维度上发生急剧变化，偏离历史基线，表现出非周期性的波动。

鉴于工控网络流量的这种独特性质，利用长短期记忆网络模型进行时序预测成了一种有效的监控手段。LSTM 作为一种特殊类型的循环神经网络，通过其内置的输入门、遗忘门和输出门等机制，有效解决了传统 RNN 在处理长序列数据时面临的梯度消失或梯度爆炸问题，从而能够更准确地捕捉并学习时间序列数据中的长期依赖关系。

在工控网络的安全监控中，我们通过训练 LSTM 模型来学习网络流量数据的正常模式，即利用历史流量数据作为训练集，使模型学习到流量的平稳性和周期性规律。在网络正常运行期间，LSTM 模型能够生成相对准确的流量预测值，这些预测值可以被视为流量的"正常值"范围。

随后，在实际应用中，模型会持续对实时流量数据进行预测，并将预测结果与实时观测到的流量数据进行对比。如果某一时刻的实际流量数据显著偏离了 LSTM 模型的预测值，即实际值与预测值之间的差异超过了预设的阈值，那么我们可以合理推断网络可能正在经历异常状态，如遭受了外部攻击或内部故障。

这种基于 LSTM 的时序预测方法，不仅提高了工控网络异常检测的准确性和及时性，还为网络管理员提供了有力的工具，以便其在网络异常发生初期就能迅速响应，采取必要的措施来保障网络的安全与稳定运行。

1. 异常流量检测流程

检测流程被明确划分为两个关键阶段，旨在有效监测电力 SCADA 系统中的通信流量，确保网络的安全与稳定。

第一阶段：数据预处理与特征构建

在此阶段，我们首先通过电力 SCADA 系统的镜像端口技术捕获实时通信流量。其次，我们对捕获的数据包进行深入解析，特别是针对遵循 IEC 60870－5－104 规约的数据包。解析过程不仅涵盖基础的通信信息，如源地址、目的地址、源端口、目的端口、TCP 标志位及连接持续时间等，还特别关注于应用协议控制信息的解析，这是一段 6 字节长的关键数据，内含对控制电路状态及操作至关重要的指令信息。

完成解析后，我们将提取到的所有字段信息整合并重新构建，以适应后续机器学习模型的输入需求。特征工程在此环节尤为重要，它不仅涉及直接从流量数据包中提取的特征，还包括了构建时序模型所必需的滞后历史特征。滞后历史特征指的是利用过去一段时间内的数据作为输入，以预测未来某一时刻的状态或数值，这一过程要求精确设定模型输入的时间窗口长度。

第二阶段：模型训练与在线检测

一旦特征构建完成，第二阶段便聚焦于长短期记忆网络（LSTM）模型的离线训练。LSTM 作为一种特殊的循环神经网络，特别适合于处理时间序列数据，能够捕捉数据中的长期依赖关系，非常适合于电力通信流量异常检测的任务。

在离线训练阶段，我们利用预处理好的特征数据集对 LSTM 模型进行训练，不断优化模型参数，直至达到满意的预测性能。训练完成后，我们将训练好的模型部署到线上环境中，开始对电力通信网络中的实时流量进行持续监测。

在线检测过程中，模型会根据输入的实时流量特征数据，自动预测是否存在异常流量模式。一旦检测到异常，系统将立即触发报警机制，通知相关人员及时响应，从而有效防范潜在的网络攻击或系统故障，保障电力 SCADA 系统的安全运行。

2. 特征构造

由图 4-1 可知，第一阶段专注于流量数据的预处理与特征工程，这一环节对于后续模型训练及在线监控至关重要。具体步骤如下。

流量数据来源：流量数据被明确划分为两个主要部分。第一部分是离线采集的流量数据，这些数据通常源于历史记录，涵盖了网络正常运行时的各种场景，用于模型的训练与验证过程；第二部分则是在线流量，即实时、持续不断地进入系统的数据流，用于实时监控和异常检测。

特征提取：从这两部分流量数据中，我们首先需要执行特征提取操作。特征提取是指从原始流量数据中识别并抽取出对后续分析有用的关键信息或属性。这些特征可能包括但不限于数据包大小、传输速度、流量模式、协议类型、源/目的 IP 地址等。

构造有效特征：在提取出初步特征之后，接下来是构造有效特征的过程。这一步旨在通过组合、转换或筛选原始特征，以生成一组更具代表性和区分度的特征集。有效特征的构造可能涉及统计方法（如计算平均值、标准差）、时间序列分析技术（如趋势分析）或是机器学习中的特征选择算法。有效特征的集合对于提高模型性能和准确性至关重要。

第一阶段的核心任务是从流量数据中高效地提取和构造出对后续模型训练及在线监控有用的特征集。离线采集的流量数据为模型训练提供了丰富的样本，而源源不断的在线流量则是实时监控和异常检测的直接对象。通过精细的特征工程和特征构造，我们可以显著提升整个系统的异常检测能力和响应速度。

在深入分析电力 SCADA 系统通信流量时，我们从捕获的数据包中解析出与 TCP/IP 协议标准相一致的字段，并特别关注 IEC 6870-5-104 规约中的应用协议控制信息字段。这些解析出的字段被系统地划分为三大类，以便更有效地构建用于异常检测的特征集。

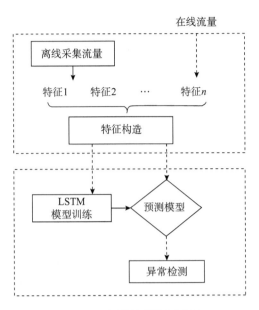

图 4 - 1　异常流量检测流程

第一类：内部属性（共 9 个），直接从网络数据包的头部信息中提取，包括但不限于连接的持续时间、协议类型（涵盖了 http、ftp、smtp、telnet 等 70 种常见的网络服务类型）、源 IP 地址、目的 IP 地址、源端口号、目的端口号等关键参数。这些属性为分析提供了网络层的基本连接特征。

第二类：内容属性，聚焦于数据包内容区域的具体信息，特别是从应用规约数据单元中解析出的信息体、数据单元标识，以及 IEC-60870-5-104 规约报文变长帧中的核心应用协议控制信息字段。应用协议控制信息字段包含了控制电路的操作指令，这对于理解电力 SCADA 系统的实时状态至关重要。

第三类：派生属性，基于先前的连接记录计算得出，进一步细分为时间流量属性和机器流量属性。时间流量属性聚焦于短时间窗口（如过去 2 秒内）内的连接行为，包括到同一目标 IP 地址的连接总数、到同一目标端口的连接总和，以及 SYN（可能指示网络泛洪攻击）和 REJ（拒绝连接）包的百分比。机器流量属性则可能涉及更复杂的网络行为模式，但在此场景中，我们主要关注时间流量属性。

针对上述三大类共 38 个字段，我们采用计数、占比和均值三种统计方法，精心构建了 12 个时间统计特征。这些特征不仅反映了当前连接的状态，还捕捉了历史连接行为对网络状态的影响。以"相同主机"特征为例，我们检查过去 2 秒内与当前连接具有相同目标主机的所有连接，统计连接数量，并进一步计算其中与当前连接服务类型相同、不同的连接百分比，以及 SYN 和 REJ 包的百分比，从而全面评估网络流量的异常程度。

最后，对于非数值型的特征，如报文内部属性中的网络服务类型，我们采用独热编码技术将其转换为数值型特征，确保这些关键信息能够无缝集成到机器学习模型的输入中。通过上述步骤，我们构建了一个全面且高效的特征集，为后续的异常检测模型提供了坚实的基础。

三、GRU 门控循环单元

（一）C‑GRU 深度神经网络

深度学习作为机器学习领域的一个前沿分支，其核心目标是通过构建更深层次的网络结构来显著提升模型从海量数据中自动提取和学习隐含特征的能力。相比于传统的浅层神经网络，深度学习模型引入了多个隐含层，这些隐含层不仅数量上更多，而且每一层都具备执行非线性变换的能力，这使得深度学习能够处理并解决那些更为复杂多变的环境与问题。

在深度学习的众多方法中，卷积神经网络和门控循环单元（GRU）占据了举足轻重的地位。

卷积神经网络（CNN）：专为处理具有网格结构的数据（如图像）而设计，通过卷积层、池化层等结构有效捕捉数据的局部相关性和空间层次信息。CNN 中的卷积操作利用可学习的卷积核在输入数据上进行滑动窗口计算，实现了特征的自动提取和抽象表示，这一特性使得 CNN 在计算机视觉任务中取得了显著成效。

门控循环单元（GRU）：作为循环神经网络的一种变体，GRU 通过引入更新门和重置门来控制信息的流动，有效缓解了传统 RNN 在处理长序列数据时面临的梯度消失或梯度爆炸问题。GRU 能够在保持序列数据前后文依赖关系的同时，减少计算复杂度，提高训练效率，因此其在自然语言处理、时间序列分析等任务中展现出强大的性能。

深度学习通过构建深层且复杂的网络结构，增强了模型从复杂数据中学习和泛化的能力。而卷积神经网络和门控循环单元作为深度学习领域的两大支柱技术，分别在处理网格结构数据和序列数据方面展现出了独特的优势和应用价值。

（二）基于 C‑GRU 神经网络的风功率预测模型

在构建风功率预测模型时，我们选取了多种相关数据作为输入特征，旨在提高预测的准确性。具体来说，输入数据包括了历史风功率数据及来自数值天气预报的关键气象参数，如风速、风向，以及风的经纬分量（这些分量通常通过风速和风向转换得到，具体指风在经度和纬度方向上的分量）。这些输入数据共同构成了模型预测风功率的基础。

预测任务聚焦于单步预测，即基于当前的输入数据（包括历史风功率数据和当前的或未来短期内的气象预报数据），模型输出未来某一特定时间点（如下一个小时或下一个时间段）的风功率预测值。这种单步预测方法对于电力系统的实时调度和运营管理具有重要意义，因为它能够帮助决策者快速响应风电场的发电能力变化，优化资源配置。

在模型训练过程中，我们会使用大量历史数据作为训练集，通过调整和优化模型的参数，使得模型能够学习到输入特征与风功率输出之间的复杂关系。一旦模型训练完成，它就可以被用来根据新的输入数据实时预测风功率，为电力系统的稳定运行提供有力支持。

模型可以由下式表示：

$$\hat{p}_t = f(p_{t-k}, s_t, d_t, u_t, v_t) \tag{4-2}$$

式（4-2）中，$\hat{p}_t$ 为模型的输出量，即 t 时刻风功率的预测值；p_{t-k} 为模型的输入，是一个 16 维的向量，代表 $t-k$ 时刻之前的风功率数据；s_t、d_t、u_t、v_t 也为模型的输入，分别为 t 时刻风速、风向、风的经度分量和纬度分量在数值天气预报中的预测值。

C-GRU 风功率预测模型是一个集成了卷积神经网络与门控循环单元的混合架构，旨在提高风功率预测的准确性。该模型分为两大核心组件：首先，利用卷积神经网络作为前端，专门处理高维的原始输入数据，包括历史风功率数据和风速数据。通过精细设计的特征提取器和池化层，CNN 有效地实现了数据的特征提取与降维，生成了富含关键信息的低维特征图谱。其次，这些特征图谱被传递至 GRU 神经网络部分，作为其后续预测的基石。在 GRU 层中，重置门与更新门协同工作，在大量训练数据的驱动下不断优化自身参数，深刻挖掘特征图谱中蕴含的时间序列依赖关系，即风功率变化的时序模式。

为了训练整个 C-GRU 模型，我们采用了时间反向传播算法，这一算法通过将 GRU 网络在时间维度上展开，模拟成一个深层前馈网络，从而允许应用标准的反向传播算法来优化网络权重。在优化算法的选择上，我们引入了 Adam 优化器，相较于传统的随机梯度下降方法，Adam 算法展现了其显著优势。它不仅能够根据每个参数的历史梯度动态调整学习率，实现个性化的学习速率设置，还通过计算梯度的一阶矩估计和二阶矩估计来自动调整学习率的范围，有效遏制了梯度的大幅波动，确保了训练的稳定性和收敛速度，为 C-GRU 风功率预测模型的精确预测能力奠定了坚实基础。最终，模型输出层配置了一个采用线性激活函数的单一神经元 L，直接计算并输出 GRU 神经网络的预测值，实现了对风功率的高效预测。

模型中的目标损失函数采用均方误差函数，即

$$L = \frac{1}{Q} \sum_{t=1}^{Q} (p_t - \hat{p}_t)^2 \tag{4-3}$$

其中，Q 为训练集中的样本数量；p_t 为 t 时刻风电场风功率的真实值。

（三）dropout 技术

确实，单纯地增加神经网络的深度并不总是能带来预测准确度的显著提升，尤其是在处理像风功率预测这样输入数据结构相对单一且多样性不足的问题时。随着网络层数的增加，模型内部的参数数量会急剧膨胀，这不仅增加了计算复杂度，还容易导致模型过度拟合训练数据，即模型过于精确地记住了训练样本的细节，而失去了对新样本的泛化能力。

为了缓解过拟合问题，dropout 技术成为了一种有效的策略。在训练过程中，dropout 技术以一定的概率随机地"丢弃"网络中的隐含层神经元，具体实现是将这些被选中的神经元的输入和输出暂时置为 0，使它们在本次迭代中不参与前向传播和反向传播

过程。然而，值得注意的是，虽然这些神经元在训练时的本次迭代中被暂时移除，但它们的权重并没有被修改或删除，仍然保留在网络中，以备后续迭代中使用。

通过这种方式，dropout 技术实质上创造了一个个结构简化的虚拟网络，每个虚拟网络都在训练过程中独立学习，但共享权重。这种机制强制网络学习到更加鲁棒的特征表示，因为网络不再依赖任何特定的神经元或特征组合，从而降低了过拟合的风险，提高了模型的泛化能力。因此，在风功率预测模型的训练中引入 dropout 技术，有望在不显著增加模型复杂度的前提下，有效提升模型的预测准确度和泛化性能。

第五节 强化学习

一、强化学习的基本概念

强化学习作为一种独特的学习范式，其核心在于学习如何根据当前状态选择最优动作，以最大化累积奖励信号，这一过程不涉及直接的外部指导，而是依赖于自身的试错机制。与监督学习显著不同，强化学习不依赖预先标记的数据集或外部教师的即时反馈，它鼓励智能体在未知环境中通过自主探索来发现那些能够带来长远利益的行动策略。这种学习模式尤为引人入胜且充满挑战，因为动作的选择不仅即时影响奖励，还深远地塑造着后续状态及整个状态序列的奖励轨迹。

强化学习的独特性在于其两大核心特征：一是通过反复试验来寻找最优策略；二是处理延迟奖励的能力。这要求智能体在追求即时利益的同时，也不忘探索未知领域，以发现潜在的更高奖励路径。这种"探索与利用"的平衡问题，是强化学习独有的挑战，也是数学家们长期研究的焦点。在监督学习中，这一矛盾并不存在，因为学习直接依赖于已标记的数据。

从系统设计的角度来看，强化学习 Agent 被设计为一个能够明确感知环境、设定目标并作出影响环境决策的完整交互体。它们被期望在复杂且往往未知的环境中自主工作，有时还需结合规划能力，以应对实时决策与环境模型更新之间的复杂交互。

近年来，强化学习研究的一个显著趋势是促进了人工智能与控制理论、智能控制等工程学科的深度融合。这种融合打破了传统观念中人工智能与数字工程之间的壁垒，使得人工智能不再仅仅是逻辑与符号的游戏，而是开始深度融入线性代数、微分方程及统计学等工程学科的工具箱中。这一转变不仅拓宽了人工智能的应用领域，也为其注入了新的活力，特别是在神经网络、智能控制等新兴领域的快速发展中，强化学习正扮演着越来越重要的角色。

二、强化学习的原理

构思一个自适应的机器人系统，其核心在于构建一个能够感知周围环境状态并据此执行一系列动作的智能体。此智能体装备了多种传感器，如摄像头等，用于捕获环境信息，作为其决策的依据。智能体的行动空间包括"前进""后退"等动作，旨在通过这些动作来适应并改变其所处的环境状态。

强化学习的核心理念贯穿于这一设计之中，其核心机制在于通过环境反馈的奖赏信号来指导智能体的行为学习。具体而言，当智能体采取某个动作策略并因此从环境中获得正面奖赏（强化信号）时，该动作策略在未来被再次采用的可能性就会增加。智能体的终极目标是通过优化一个奖赏或回报函数来实现的，该函数为智能体在不同状态下选择的不同动作分配一个数值化的即时回报，以此作为行为好坏的直接衡量标准。

以机器人寻找特定目标（如箱子）为例，回报函数的设计会倾向于给予成功找到目标的状态-动作组合以正回报，而对其他所有状态-动作组合则可能赋予零或负回报，以此激励智能体专注于达成目标。智能体的学习过程是一个持续迭代的过程，它不断执行动作、观察结果，并根据获得的强化信号调整其控制策略。理想状态下，智能体应能学会在任何给定的初始状态下选择最优动作序列，以期在长期内最大化其累积的折扣奖赏（考虑未来奖赏的当前价值），从而实现其总体目标。

总之，智能体通过不断试错与学习，在环境状态与动作选择之间建立起最优映射关系，这一过程正是强化学习原理在机器人行为控制中的生动体现。

三、强化学习的应用领域

当前，强化学习技术展现出跨领域应用的广泛潜力，主要集中在机器人技术、电子游戏、过程自动化及任务调度四大领域。

在机器人技术领域，强化学习扮演着核心角色，它不仅促进了单个机器人控制策略的优化，如精确导航、肢体动作（如手臂和腿部）的精细控制，还提升了多机器人系统的协同作业能力，典型应用如机器人足球比赛中的团队协作策略，这展现了强化学习在复杂动态环境中的适应性。

电子游戏行业同样是强化学习大展身手的舞台。经典案例包括塞缪尔的西洋跳棋程序和特萨诺的西洋双陆棋程序，它们通过海量的自我对弈与强化学习，达到了超越人类顶尖棋手的水平，证明了强化学习在策略优化和决策制定上的卓越能力。

过程自动化领域，强化学习同样发挥了关键作用。以倒立摆控制系统为例，这一经典的非线性不稳定系统成为检验强化学习算法性能的试金石。此外，在生产制造流程中，强化学习技术也被广泛采纳，用于提升生产线的效率与稳定性。

任务调度方面，强化学习同样展现出了其高效与智能。从日常生活中的电梯调度系统，到工业生产中的车间作业优化，再到城市交通管理的信号控制，乃至复杂的网络路由选择，强化学习通过不断优化调度策略，有效解决了资源分配与任务执行中的瓶颈问题，提升了整体系统的运行效率与用户体验。

第五章

大数据处理技术

第一节　大数据采集概述

一、大数据采集

（一）数据类型

在当下这个信息爆炸、知识冗余且网络全面覆盖的时代，数据以前所未有的深度和广度涌现，其来源既广泛又多元。从互联网的海量信息库中，我们可以轻松获取搜索引擎提供的实时资讯、详尽的网络访问日志、详尽的病员医疗记录及电子商务平台的交易详情等。同时，随着物联网技术的飞速发展，数据还源源不断地从各类传感器设备及系统中汇聚而来，包括但不限于精密的工业设备监控系统、实时更新的水电表读数，以及覆盖广袤土地的农林业环境监测站等。这一现状直接导致了数据类型的复杂性和多样性显著增加，对数据的采集、处理与分析能力提出了更高要求。

为了有效应对这一挑战，根据数据内在结构的差异，我们将数据明确划分为结构化、半结构化及非结构化三大类。结构化数据，作为最为传统且我们最为熟悉的数据形态，广泛存在于关系型数据库中。其数据结构严谨且预先定义，能够轻松适应二维表格的表述方式，便于高效存储与管理。在统计学的精细分类下，结构化数据进一步细化为分类型、排序型、区间型和比值型四种。分类型数据，或称为标称数据，通过文字或数值代码清晰地界定数据类别，如颜色、性别等；排序型数据则在分类基础上引入了顺序性，使得数据间的比较成为可能，如同学生成绩的等级划分。区间型数据则代表了具有明确单位且可进行数值运算的测量值，如温度变化、智商分数等，它们之间的直接比较虽无绝对意义，但通过差值计算能精确反映变化幅度。而比值型数据，作为区间型数据的进阶形态，不仅保留了数值运算的能力，还拥有一个固定的参照点（如成绩中的零分代表完全未作答），这使得其在表示绝对量或比例时更加精确。简言之，分类型与排序型数据属于定性数据，侧重于对事物性质的描述；而区间型与比值型数据则属于定量数据，专注于量的分析与比较。

面对如此丰富多样的数据类型，如何高效地采集、整合并挖掘其价值，已成为数据科学领域亟待解决的关键问题。这不仅要求我们在技术层面不断创新，提升数据处理与分析的能力，更需要在理论层面深化对数据本质的理解，以更加科学的方法指导实践，推动数据价值的最大化实现。

当前，尽管结构化数据的处理方法已相当成熟，特别是在关系型数据库管理系统中，如户籍管理、银行财务、企业财务报表等领域广泛应用，但值得注意的是，这类数据在大数据总量中的占比正逐年递减，现已不足15%，尽管如此，它们在日常生活中的作用依旧重要。数据根据其特性可被分为七大类别，包括一维至多维数据、时态数据、层次数据及网络数据等，其中网络数据随着互联网技术的飞速发展，已成为海量数据的主要构成部分，且多以半结构化或非结构化形式存在。

非结构化数据，作为与结构化数据截然不同的存在，其结构复杂多变，难以用统一模型描述，不具备预定义的固定格式，如图片、视频、音频等多媒体内容均属此类，无法直接以传统的二维表格形式存储和管理。这类数据的高度异构性使得传统关系型数据库难以应对，无法直接利用SQL查询，且难以被计算机直接解析。在企业数据存储中，非结构化数据常以BLOB形式存储在关系型数据库中，而NoSQL数据库的出现，为同时处理结构化和非结构化数据提供了可能。随着非结构化数据占比的持续上升，如何有效组织这些数据以优化存储和分析流程，成了亟待解决的关键问题。

另外，半结构化数据则处于结构化数据与非结构化数据之间，我们虽可通过某种方式描述其结构，但内容与结构往往交织在一起，结构灵活多变，不具备明确的关系性。如网页、个人简历、电子邮件等，需依赖特定的语义标识符来定义和约束关键内容，其存储常采用树状或图状模型，如XML、HTML、JSON等格式，多源自EDI文件、扩展表、RSS源及传感器数据等。半结构化数据的这些特性要求特殊的预处理和存储技术。总体而言，非结构化与半结构化数据在大数据领域占据绝对主导地位，合计占比超过85%，其有效管理和利用对于大数据技术的整体发展至关重要。

结构化数据、非结构化数据和半结构化数据的区别如表5-1所示。

表5-1　结构化数据、非结构化数据和半结构化数据的区别

类别	结构化数据	非结构化数据	半结构化数据
基本定义	可以用固定的数据结构来描述的数据	数据结构很难描述的数据	介于结构化数据与非结构化数据之间的数据
数据与结构的关系	先有结构，后有数据	有数据，无结构	先有数据，后有结构
数据模型	二维表格（关系型数据库）	无	树状，图状
常见来源	各类规范的数据表格	图片、视频、音频等	HTML文档、个人履历、电子邮件等

（二）数据来源

在传统数据采集模式下，数据来源较为局限，数据量规模有限，且数据结构相对

简单直接，因此，存储方案多依赖于关系型数据库或并行数据库系统，这些系统能够有效地管理和查询结构化数据。然而，随着大数据时代的到来，数据采集的状况发生了根本性变化，展现出前所未有的多样性和复杂性。

大数据系统面临的挑战在于其数据来源的广泛性，涵盖互联网、物联网、传感器网络等多个渠道，这导致数据量呈爆炸式增长，数据类型也从单一的结构化数据扩展到半结构化乃至非结构化数据，如文本、图像、视频等。这种变化要求采用更为灵活和强大的技术栈来应对。

在大数据分析的整个生命周期中，从数据采集、预处理、存储到数据挖掘，每一步都需根据数据源的具体特征来定制技术策略和设计方案。采集方法的选择我们需考虑数据的实时性、可用性和完整性；预处理流程则需针对数据的多样性进行清洗、转换和整合，以消除噪声、填补缺失值并统一格式；存储格式的决策则依赖于数据的访问模式、查询效率及可扩展性需求，分布式数据库因其水平扩展能力和容错机制成为首选；至于数据挖掘技术，我们则需根据数据特性选用合适的算法，如针对非结构化文本采用自然语言处理，对图像数据则可能依赖于深度学习技术。

因此，数据源的差异和特点不仅是大数据分析技术选型的出发点，也是构建和优化大数据平台架构的核心考量因素。理解并适应这些差异，对于实现高效、准确的大数据分析至关重要。

大数据一般源于以下四类系统。

1. 企业信息管理系统

在日常运营中，企业及机关内部的各类业务平台，诸如办公自动化系统、事务管理系统等，均承担着处理核心业务流程的重任，这些平台每日不间断地产生巨量数据。这些数据不仅涵盖了终端用户直接输入的原始资料，还涵盖了系统内部经过复杂处理后生成的衍生数据，它们紧密关联着企业的运营状况与管理决策，蕴含极高的潜在价值。这类数据大多以结构化形式存在，便于逻辑分析和处理。

企业数据库采集系统作为关键基础设施，负责将各类业务活动中产生的记录准确无误地写入数据库，确保数据的完整性与安全性。这些业务数据通常以简洁明了的行记录格式存储，便于后续查询与管理。通过与企业业务后台服务器的紧密协作，一个专门的处理分析系统被引入，以自动化、高效的方式对海量业务数据进行深度挖掘与分析，从而为企业战略决策、运营优化提供强有力的数据支撑。这一过程不仅提升了数据处理效率，还促进了数据价值的最大化利用。

2. 网络信息系统

网络信息系统，作为互联网生态的重要组成部分，广泛涵盖了社交平台（新浪微博等）、自媒体平台（今日头条等）、搜索引擎巨头（百度等）、电商平台（淘宝商城等）及各类 POS 终端和网络支付系统。这些系统不仅为亿万在线用户提供了信息交换、社交互动及经济交易的便捷平台，还产生了海量数据，包括用户浏览记录、评论内容、交易详情等，这些数据以其开放式、非结构化和半结构化的特性存在。

在这一背景下，合理的数据采集策略变得尤为关键。通过采用适配的网络采集技术，这些复杂多样的数据可以被有效捕获，并经过一系列转换处理，最终整合为统一的结构化格式，存储在本地数据库中，便于后续的分析与利用。

阿里巴巴集团，作为电商领域的领军者，其业务版图横跨淘宝、天猫、阿里云、支付宝等多个平台，每日处理的数据量以百 TB 计。这些数据不仅涵盖了客户关系管理、ERP 系统记录、交易流水等传统结构化数据，还深度融入了呼叫记录、设备日志、智能仪表读数及工作流数据等机器生成的非结构化或半结构化数据。阿里巴巴通过构建先进的数据采集与分析体系，实现了对这些海量数据的实时捕捉与深度挖掘，进而构建出精细化的用户画像，精准预测用户偏好，推动个性化产品推荐与营销活动，为企业的商业运营策略提供了坚实的数据支撑。

这一过程不仅展示了网络信息系统数据采集能力的强大，也深刻体现了大数据技术在推动企业数字化转型、提升用户体验及优化商业决策中的核心价值。通过最大化利用这些数据信息，阿里巴巴不仅巩固了自身的市场领先地位，也为整个行业树立了数据驱动发展的典范。

3. 物联网信息系统

物联网信息系统构建了一个庞大的网络，其中集成了各式各样的传感器设备及监控系统，广泛渗透于智能交通、现场应急指挥、工业生产调度等多个关键领域。在此系统中，数据源头丰富多元，涵盖从基本物理参数的测量值到复杂的行为模式图像、音视频资料等，全方位捕捉并记录了现实世界的动态信息。以智能交通为例，其对行驶车辆的监控能够实时收集车辆外观图像、速度、轨迹等多维度数据。

这些数据需要经过复杂的多维融合处理流程，利用高性能计算资源将其转化为标准化、格式统一的数据结构，以便于后续的分析与应用。与网络信息系统相较，物联网数据展现出几个显著特征：

数据规模庞大：物联网节点通常全天候运行，不断生成海量数据，这要求系统具备强大的数据存储与处理能力。

对数据传输速率的高要求：许多应用场景强调实时性，要求系统支持高速、低延迟的数据传输，确保数据能够即时被访问和处理。

数据类型高度多样化：物联网应用横跨多个行业，从智慧城市、环境监测到智能家居，数据形式丰富多样，包括文本、图像、视频、传感器读数等多种类型。

数据真实性至关重要：由于物联网数据直接源于各类传感器对物理世界的直接感知，其真实性和准确性对于后续决策具有决定性影响，如 RFID 技术在库存管理、智能安防等领域的应用均高度依赖数据的真实性。

物联网信息系统在处理与分析数据时，不仅需要应对数据量的爆炸式增长，还需确保数据的时效性、多样性和真实性，以充分释放物联网技术的潜力，支撑各行各业的智能化转型与发展。

4. 科学研究实验系统

科学研究实验系统构成了科学大数据的核心，这些数据主要源于大型科研实验室的精密实验、广泛的公众医疗记录及个人观察或传感器网络收集的信息。在众多学科领域内，如遗传学、天文学及医疗卫生等，海量数据的分析方法已成为研究不可或缺的基础。特别是在医疗卫生行业，年度数据增长量惊人，动辄达到数百 PB 级别，这些数据对于推动医疗进步、提升疾病诊断与治疗效率至关重要。

这些科学数据既可以是直接源于真实世界科学实验的第一手资料，也可以是通过高级仿真技术模拟实验场景获得的模拟数据。值得注意的是，医疗数据由于其高度的敏感性和隐私性，大多被严格保存在医疗系统内部，对外公开程度有限。因此，在探索医疗数据的外部应用价值时，我们往往需要借助第三方专业的数据管理平台，如阿里云、IBM、SAP 等业界领先企业，这些平台具备强大的数据处理能力和合规性保障，能够有效实现对跨地区、跨城市的医疗数据进行安全、高效的采集与监控。

通过这些第三方平台，研究人员能够更全面地掌握医疗数据的动态变化，进而在疾病发展趋势预测、疫情活跃期分析等方面做出更为精准的判断与决策。这一过程不仅促进了医疗科学的进步，也为公共卫生管理提供了强有力的数据支持，体现了科学大数据在现代社会中不可或缺的价值与潜力。

二、大数据采集方法

在数据采集领域，针对不同类型的数据源，我们采取的方法策略呈现出显著的差异性和专业性。针对传统企业内部数据，直接而高效的方式是通过数据库管理系统执行 SQL 查询，精准提取所需信息，这种方法依赖于企业内部 IT 系统的健全与数据的结构化存储。

对于互联网这一浩瀚的数据海洋，数据采集则变得更为复杂多样。系统日志、网页内容、电子商务交易记录等互联网数据，往往要求使用专门的海量数据采集技术。大型互联网企业，如百度、腾讯、阿里巴巴等，凭借自身强大的技术实力，要么自主研发高效的数据采集平台，要么整合市场上成熟的工具，如利用网站公开的 API 接口自动化抓取数据，或部署网络爬虫技术深度挖掘网页背后的非公开信息。这些工具和技术能够应对互联网数据的海量性、动态性和多样性挑战。

在科学研究及涉及高度保密性的数据领域，数据采集路径则更为严谨和受控。这类数据往往通过正式渠道获取，比如与科研机构建立合作关系，直接访问其数据库或研究成果；或是通过专业的数据交易和服务公司，以购买数据服务、签订商业合作协议等形式合法合规地获取所需数据。这种方式确保了数据的权威性和安全性，同时也有助于维护数据提供方的权益。

（一）日志采集

在大数据浪潮的推动下，互联网企业的日常运营活动产生了浩如烟海的业务数据，这些数据的高效采集成为企业运营的关键一环。为满足大规模、高速传输及海量存储的需求，大型互联网企业倾向于依托成熟的开源框架定制专属的海量数据采集解决方案。这些工具专注于捕捉各类日志信息，包括但不限于分布式系统、操作系统、网络活动、硬件设备及上层应用生成的日志，为系统监控、故障排查、安全审计提供了强有力的支持。

一个高效的日志采集平台，第一，须具备处理 TB 乃至 PB 级海量数据的能力，实现秒级响应，每秒轻松处理数十万条日志，确保高吞吐性能；第二，它必须紧跟实时数据处理的需求步伐，支持日益增长的实时应用场景；第三，良好的分布式架构设计是其标配，能够无缝扩展，通过新增节点快速响应业务需求；第四，作为业务系统与数据分析之间的桥梁，它构建了高效的数据传输通道，加速数据流转；该平台通常由采集发送端、中间件及采集接收端三大核心组件构成，分别负责数据采集与预处理、数据汇聚与转发，以及分布式存储（如 HDFS、HBase），确保数据的完整性、可靠性及可扩展性；第五，强大的容错机制，如利用 Zookeeper 实现负载均衡，保障了系统的稳定运行；第六，作为开源项目，其持续的性能优化与快速迭代能力，确保了系统的长期活力与适应性，为互联网企业的稳健运营保驾护航。

（二）网络数据采集

当前，网络数据主要是指在互联网环境下，由数以亿计的用户通过 Web 浏览、信息发布、搜索活动，以及微博、微信、QQ 等社交媒体平台的互动交流中生成的海量数据集合。这些数据形式多样，涵盖文档、音频、视频、图片等多种媒体类型，且由于其生成环境的特性，其大多以非结构化或半结构化形式存在，数据格式复杂多变。

为了有效利用这些网络数据，数据采集成了一个关键环节。网络数据采集方法主要包括两大类：一是利用网络爬虫技术，二是通过访问网络平台提供的公开 API 接口。这两种方式均旨在从目标网站抓取所需页面内容，并根据用户的具体需求从中提取特定数据属性。

在数据采集之后，我们还需对原始网页数据进行一系列的处理工作，包括内容清洗、格式转换和结构化加工等步骤，以确保数据的准确性和可用性。这些处理过程旨在使复杂多样的原始数据具有统一、规范的结构化格式，便于后续的数据挖掘与分析。最终，处理后的数据会被保存为本地文件，通常采用结构化数据格式，以便于用户直接利用或进一步整合到数据仓库中。

网络数据的采集与处理是一个涉及多个步骤的复杂过程，它要求数据采集者具备专业的技术能力和对目标数据的深入理解，以确保数据的完整性、准确性和可用性，从而满足用户日益增长的数据挖掘需求。

1. 网络爬虫

网络爬虫，作为搜索引擎技术的心脏，是一种自动化程序，负责在互联网的广阔空间中搜寻并下载网页内容。其性能直接影响到搜索引擎的数据更新频率和内容多样性，是提升搜索引擎整体效率的关键因素。网络爬虫的工作流程精心设计，旨在高效、有序地遍历万维网，具体过程概述如下：

规则配置：首先，用户根据需求手动设定爬取规则及网页解析规则，这些规则详细说明了哪些内容需要被抓取及如何解析这些信息，随后这些规则被保存在数据库中。

初始化爬取队列：其次，用户提交采集请求，将起始网站的 URL（种子 URL）作为爬虫工作的起点，加入待爬取 URL 队列中。

URL 处理与 DNS 解析：爬虫程序从待爬取队列中逐一取出 URL，解析其 DNS 地址，这是访问网站前的必要步骤。

网页内容下载与链接抽取：成功解析 DNS 后，爬虫从互联网上获取对应网页的内容，并从中抽取新的链接地址（URL），这些链接可能指向网站内的其他页面或外部资源。

去重与队列更新：爬虫将当前处理的 URL 与已爬取 URL 队列中的记录进行比较，确保不重复抓取。若该 URL 尚未被访问，我们则将其加入待爬取队列，同时将该 URL 标记为已爬取，存入相应队列。

数据处理与存储：专门的数据处理模块负责从下载的网页内容中提取所需信息，进行必要的解析和格式化，最终将这些处理后的数据存储到数据库中。

循环执行与停止条件：上述步骤（从步骤 3 至步骤 6）不断循环执行，直至满足预设的停止条件，如达到特定的抓取数量、时间限制或完成所有待爬取 URL 的遍历。

数据库在整个过程中扮演关键角色，它不仅存储了爬取规则和解析规则，还记录了所有参与爬取的网站 URL、抽取的新链接及最终的数据处理结果。

值得注意的是，网络爬虫的性能很大程度上依赖于其爬取策略的选择。这些策略包括但不限于深度优先策略（深入探索单个分支）、宽度优先策略（广泛覆盖多个分支）、反向链路数策略（基于链接到当前页面的数量）、在线页面重要性计算策略（如 PageRank 算法评估页面价值）及大站优先策略（优先处理大型、高价值的网站）。合理的策略选择能够确保爬虫在海量数据中高效定位并抓取用户最感兴趣或最重要的内容。

2. API 采集

API，全称应用程序接口，是网站管理者精心设计的程序接口，旨在简化复杂底层算法的访问过程，使得外部用户能够通过简单的函数调用即可请求并获取网站的部分数据资源。这一机制极大地提升了数据获取的便捷性，使得非技术背景的用户也能轻松实现数据交互。

在当前的数字生态中，众多知名社交媒体平台如百度、新浪微博、Facebook 等，均积极提供 API 服务，作为开放数据战略的一部分。以新浪微博为例，其数据开放平台通过粉丝分析、微博内容解析、评论洞察及用户行为分析等多样化的 API 接口，极大地提升了相关领域数据搜集的效率，使得研究人员、数据分析师及市场从业者能够迅速获取并深入分析所需数据，进而加速决策过程。

此外，市场上还存在专业的营利性数据采集服务机构，这些机构通过付费模式，为客户提供更加定制化、高效的数据采集服务，满足不同客户的多样化需求。

然而，API 采集技术的效能并非无限制。其性能很大程度上依赖于平台开发者的设计与维护水平。对于提供免费 API 服务的网站而言，为平衡平台资源消耗与用户需求，其往往会对每日的数据采集调用次数进行限制，以保障平台的稳定运行。同时，出于数据安全和隐私保护的考虑，开放的 API 接口在数据采集结果上也可能存在一定的限制，无法完全覆盖用户的所有需求场景。因此，在使用 API 进行数据采集时，用户需综合考虑这些因素，合理规划数据采集策略。

第二节　大数据预处理

一、数据清洗

（一）数据质量

1. 不完整性

不完整性，作为数据处理中的一个常见问题，指的是在数据记录中部分字段的缺失或不确定性，这种缺失可能源于多种原因。首先，数据源系统的设计缺陷是一个不可忽视的因素，当系统设计时未能充分预见所有可能的数据输入情况，就可能导致某些信息在后续采集过程中被遗漏。其次，人为因素也是造成数据不完整性的重要原因，用户在填写表单或记录信息时，可能会出于各种原因（如非必填项被忽视、遗忘或故意留白）而省略某些字段，从而在数据集中留下空白或缺失项。

不完整性不仅会影响数据的完整性，还可能直接导致统计结果的不准确，因为缺失的数据点可能扭曲了数据的整体分布和特征，进而影响分析结论的有效性。

为了应对数据不完整性的问题，不完整性检测成了一个基础且重要的步骤。通过自动化的检测机制，系统可以识别出数据集中的缺失值或异常值，为后续的数据清洗和预处理工作提供指导。这种检测通常相对容易实现，因为它主要依赖于对数据集中各字段的完整性进行扫描和比对，无须复杂的逻辑判断或模型训练。

因此，在数据处理流程中，我们应高度重视不完整性问题，通过实施有效的不完整性检测策略，及时发现并处理缺失数据，以确保后续分析工作的准确性和可靠性。

2. 含有噪声

数据中的"噪声"是一个普遍存在的现象，它指的是数据中存在的不准确、失真或不符合预期的特征，这些特征削弱了数据的真实性和可靠性。噪声数据可能包含错误的字段值、不符合规范或业务逻辑的数值，以及显著偏离常规分布范围的离群点。噪声的引入原因多种多样，包括但不限于数据输入时的人为错误、数据采集设备的故障、数据命名与编码标准的不统一、数据传输过程中的错误或干扰等。

噪声的表现形式各异，既有直观的，如字符型数据中的乱码，也有较为隐蔽的，如隐藏在大量正常数据中的异常高值或低值。此外，时间格式的不一致、字段值的随机分布等也是噪声的常见表现。这些噪声不仅影响了数据的直接可用性，还可能对后续的数据分析、模型训练等过程造成误导，降低决策的准确性。

鉴于噪声数据的普遍性和难以预测性，我们在数据采集、处理和存储的各个阶段都难以完全避免其产生。实时监测所有数据源以预防噪声的出现不仅技术难度大，而且成本高昂，往往不切实际。因此，在实际应用中，我们更多的是采取事后检测与清洗的策略，即在数据分析或模型训练前，通过一系列数据预处理步骤来识别和纠正噪声数据，以提高数据质量，确保后续分析工作的有效性和可靠性。

3. 不一致性

不一致性，作为数据处理中的另一大挑战，其主要源于原始数据源之间的多样性及其应用系统的差异性。这种差异性导致了采集到的数据结构纷繁复杂、数据标准难以统一，直接阻碍了数据的直接分析利用。不一致性问题可以从两个维度来审视：数据记录规范的不一致性和数据逻辑的不一致性。

数据记录规范的不一致性主要体现在数据编码和格式上。不同的数据源可能采用不同的编码体系、日期格式、数字表示法等，这些差异使得即使描述同一事物的数据，在表现形式上也大相径庭。例如，日期可能以"YYYY – MM – DD""DD/MM/YYYY"或"Month Day，Year"等多种形式出现，这给数据的整合与分析带来了不便。

数据逻辑的不一致性则关注于数据结构或逻辑关系上的矛盾。这包括字段定义的不匹配、数据之间的逻辑依赖关系错误等。例如，某数据集中年龄字段的值可能超出了人类寿命的合理范围，或者两个相互关联的字段在逻辑上无法自洽。

此外，当原始数据源于多个不同的数据源时，数据合并过程中常常会遇到数据的重复和冗余现象。这是因为在分布式存储环境中，数据可能被多个系统分别采集并存储，而这些系统之间往往缺乏有效的数据去重机制。数据的重复不仅增加了存储成本，还可能误导分析结果，因为重复的数据点会被错误地视为独立的观测值。

为了解决不一致性问题，数据治理和清洗工作变得尤为重要。这包括统一数据编码和格式标准、校验数据间的逻辑关系、识别并去除重复数据等步骤。通过这些措施，我们可以显著提高数据的质量，为后续的数据分析工作奠定坚实的基础。

4. 失效性

数据的及时性，作为衡量数据质量的关键维度之一，强调了数据从生成到可被采集的时间效率。对于许多实时数据分析应用而言，数据的时效性至关重要；若数据从产生到采集之间存在显著的时间延迟，如长达 2～3 周，则可能丧失其对于实时决策的参考价值，从而变得意义不大。

在分布式大数据环境下，数据集的构成更加复杂多样，往往不是单一数据源的结果，而是汇聚了多个不同来源的数据。因此，深入探讨原始数据质量问题时，我们可以从单数据源与多数据源两个维度出发，并进一步细分为模式层和实例层两个层面进行分析（表 5 – 2）。

（1）单数据源数据质量

模式层：主要涉及数据结构的设计合理性问题，如数据表结构设计不当、属性间缺乏必要的完整性约束等。这些问题可以通过编写特定的计算机程序来自动检测，或者采用人机协作的方式，由人工识别并修正模式问题，同时借助计算机工具辅助完成大规模数据的清洗工作。

实例层：聚焦于具体数据记录中的属性值问题，包括但不限于属性值的缺失、错误值的存在、异常记录的混入、数据不一致性及重复数据的出现等。这些问题直接影响数据的准确性和可用性，我们需要通过数据清洗、去重、异常值处理等步骤加以解决。

（2）多数据源数据质量

在多数据源场景下，数据质量问题变得更加复杂，因为除了单数据源中存在的模式层和实例层问题外，我们还需要考虑不同数据源之间的数据融合问题。这包括不同数据源间数据格式的兼容性、数据标准的统一性、数据语义的一致性等。解决多数据源数据质量问题，我们不仅需要对每个数据源单独进行数据清洗和校验，还需要设计合理的数据整合策略，确保不同数据源之间的数据能够无缝对接，共同支撑起高质量的数据分析工作。

表 5 - 2　数据质量问题分类

类别	单数据源模式	单数据源实例	多数据源模式	多数据源实例
产生原因	缺乏合适的数据模型和完整性约束条件	数据输入错误	不同的数据模型和模式设计	矛盾或不一致的数据
表现形式	唯一值 参考完整性 …	拼写错误 冗余/重复 前后矛盾的数据 …	命名冲突 结构冲突 …	不一致的聚集层次 不一致的时间点 …

（二）数据清洗方法

数据清洗是数据处理流程中的一个关键环节，旨在将多源、多结构、多维度的原始数据转化为高质量、适用于后续分析或应用的数据集。这一过程涉及深入分析"脏"数据（错误、不一致或重复的数据）的成因与表现形式，进而设计并实施针对性的清洗模型和算法。

数据清洗的基本思路始于对数据源特性的深入理解，通过分析不同来源数据的特性、格式及潜在问题，制定出合理且有效的清洗规则和策略。这些规则不仅需能够准确识别"脏"数据的具体表现，还需提供有效的处理措施，确保对症下药，精准清除数据中的杂质。

清洗工作的成效直接取决于所制定的清洗规则和策略的质量。优秀的清洗策略能够全面覆盖各类数据问题，同时保持数据的完整性和准确性，避免在清洗过程中引入新的错误或损失有价值的信息。因此，数据清洗是一个既需要技术深度又需要策略智慧的复杂过程。

在实际操作中，数据清洗可能包括但不限于以下几个步骤：识别并纠正错误数据（如格式错误、逻辑错误等）、解决数据不一致性问题（通过标准化、映射等方式统一数据表示形式）、去除或合并重复记录、填充缺失值等。通过这些步骤，原始数据得以净化，为后续的数据分析、挖掘或应用提供了坚实的数据基础。

数据清洗一般包括填补缺失值、平滑噪声数据、识别或删除异常值和不一致性处理这几个方面。

1. 不完整性处理

（1）删除缺失值

在处理大量数据记录时，我们确实会遇到缺失值的问题。当缺失值记录在整个数据集中的比例相对较小时，一种简单直接的处理策略是将这些含有缺失值的数据记录直接删除。这种方法因易于实施而被视为一种快速解决方案，尤其适用于缺失数据对整体分析影响不大的场景。

然而，值得注意的是，这种直接删除缺失记录的方法并非万全之策。特别是在缺失值占总体数据比例较大的情况下，简单删除可能导致数据集的规模急剧缩小，进而显著改变数据的原始分布特性，影响分析结果的准确性和可靠性。此外，仅仅因为一个字段的缺失就丢弃整条记录，无疑是对其他完整字段信息的一种浪费，不利于数据资源的高效利用。

因此，在实际应用中，面对缺失值问题，更常见的做法是依据一定的标准或规则对缺失值进行填充处理。这些填充策略可能包括但不限于使用均值、中位数、众数等统计量进行填充（适用于数值型数据），或是利用最频繁出现的类别值进行填充（适用于类别型数据）。此外，还有一些高级方法，如基于模型的预测填充，能够根据数据的其他特征来预测缺失值，进一步提高填充的准确性。

选择何种缺失值处理方法应依据具体的数据特性和分析需求来定，以确保在尽可能保留数据完整性的同时，有效减少缺失值对分析结果的不良影响。

（2）填充缺失值

处理数据中的缺失值是一个关键步骤，它直接关系到后续数据分析的准确性和可靠性。针对缺失值的填充，存在多种策略，每种策略都有其适用场景和潜在的局限性。

首先，全局变量值填充法虽然简单直接，即将所有缺失的字段值统一替换为一个常数、缺省值、最大值或最小值，如"Unknown"或"OK"。然而，这种方法可能因大量使用同一填充值而误导数据挖掘过程，导致结论偏差，因此通常不推荐其作为首选方案，除非在仔细评估填充效果后确认其适用性。

其次，统计填充法是一种更为精细的方法，它利用字段本身的统计特性来填充缺失值。其中，均值（中位数、众数）不变法通过计算非缺失值的均值、中位数或众数来进行填充，这种方法能够保持数据的某些统计属性不变，但需注意均值可能受异常值影响，而中位数和众数则相对稳健。标准差不变法则是在保持字段标准差稳定的前提下进行填充，尽管实施上可能较为复杂，但它考虑了数据的波动性。

再次，预测估计法是一种更为先进的方法，它基于变量间的相关性，利用数据挖掘技术（如线性回归、神经网络、支持向量机、最近邻算法、贝叶斯方法或决策树等）来预测缺失字段的可能值。这种方法充分利用了数据集中其他无缺失字段的信息，对缺失值的预测通常较为准确，但计算成本相对较高。

最后，人工填充虽然准确，但耗时费力，尤其在大规模数据集存在大范围缺失的情况下，其实际操作可行性较低。

2. 噪声数据处理

（1）分箱

分箱法作为一种有效的数据预处理技术，特别适用于需要局部平滑处理的数据集。该方法通过将有序数据分配到一系列预定义的"箱子"中，每个箱子代表数据属性值的一个特定区间范围，从而实现对数据的分组和简化。通过这种方式，分箱法能够考虑邻近数据点之间的关系，有助于减少噪声并揭示数据分布的模式。

分箱法的核心在于如何划分这些箱子，主要存在两种策略：等深分箱法和等宽分箱法。

等深分箱法（或称为"等频分箱法"）：该方法基于数据点的数量来划分箱子，确保每个箱子中包含大致相等数量的数据记录。这种策略有助于保持每个箱子在数据分布上的代表性，特别是在数据分布不均匀的情况下更为有效。然而，等深分箱法可能导致各箱子的实际取值范围差异较大。

等宽分箱法：与等深分箱法不同，等宽分箱法按照数据取值区间来划分箱子，每个箱子的取值范围被设定为常数。这种方法简单易行，但在处理分布不均的数据时，可能导致某些箱子中的数据点非常密集，而其他箱子则相对稀疏。

在分箱完成后，我们接下来进行数据平滑处理。这一过程通常涉及用箱子内数据的某个统计量（如平均值、中位数或边界值）来替换箱子中每个数据点的原始值。这种替换操作有助于减少数据中的极端值或噪声，使得数据分布更加平滑，更适合于后续的分析或建模工作。

（2）聚类

聚类分析作为一种强大的多元统计技术，其核心在于依据数据的内在属性探索并识别出数据间的相似性，从而将相似或邻近的数据点归并到不同的聚类集合中。这一过程不仅实现了数据的自然分组，还被赋予了群分析或点群分析的美誉。尤为重要的是，聚类分析能够揭示那些游离于主要聚类群体之外的孤立点，这些孤立点往往具有显著不同于集群内大多数数据对象的特征，或是特定属性上的异常取值，它们正是我们识别噪声数据的关键所在。

在处理噪声数据时，基于聚类的平滑算法提供了一种有效的策略。该算法首先利用聚类技术根据数据属性将数据集划分为若干聚类，进而在聚类过程中识别并定位噪声数据。其次，通过对噪声数据进行深入分析，我们明确引发噪声的具体属性。再次，算法会搜索与这些噪声数据最为相似或邻近的聚类集合，旨在从这些"正常"的数据集群中提取相应属性的正常值。最后，我们利用这些正常值对噪声数据中的异常属性进行校正，从而实现噪声数据的平滑处理。

值得注意的是，聚类分析算法本身就是一个多元化的领域，涵盖了多种不同的方法体系，包括但不限于基于划分的聚类（如 K - means）、基于层次的聚类、基于密度的聚类（如 DBSCAN）、基于网格的聚类及基于模型的聚类等。每种方法都有其独特的优势与适用场景，选择合适的聚类算法对于准确识别噪声数据并有效实施平滑处理至关重要。

（3）回归

回归分析，作为一种与聚类分析并行的数据分析技术，其核心在于探索两个或多个变量之间的关联模式，进而构建一个拟合函数（数学模型），这一模型允许我们利用一个或多个已知变量（自变量）的值来预测另一个变量（因变量）的潜在取值。通过对比实际观测值与模型预测值之间的差异，我们可以有效识别出数据中的噪声成分，这些噪声往往是测量误差、异常值或数据录入错误等原因造成的。

回归分析方法广泛涵盖线性回归和非线性回归两大类别。线性回归假设因变量与自变量之间存在线性关系，即模型中的参数（如斜率、截距）为常数，不随自变量变化而变化。根据自变量的数量，线性回归可进一步被细分为一元线性回归（涉及单个自变量）和多元线性回归（涉及多个自变量）。相比之下，非线性回归则用于处理因变量与自变量之间非线性关系的场景，它允许模型中的参数随自变量变化而灵活调整，以更好地拟合复杂的数据模式。

通过回归分析，我们不仅能够预测未知变量的值，还能在数据预处理阶段通过平滑处理减少噪声数据的影响，提升数据集的整体质量，为后续的数据挖掘和建模工作奠定坚实的基础。

（4）人机交互检测法

人机交互检测法是一种结合了人类智慧与计算机技术优势的数据质量检查手段，特别适用于噪声数据的识别与清理。该方法的核心在于利用专业分析人员深厚的领域知识与实践经验，通过人与计算机的紧密交互，共同构建一套高效的数据筛选机制。

在具体实施过程中，专业分析人员首先会根据其对业务逻辑的深刻理解，手动筛选出部分典型的噪声数据样本，这些样本往往明显偏离了正常的数据分布或违反了既定的业务规则。其次，基于这些样本，分析人员会设计并定制一套规则集，这些规则集旨在自动化地捕获和识别类似的不符合业务逻辑的噪声数据。

一旦规则集设计完成并经过验证，其将被集成到数据处理流程中，由计算机自动执行，以大规模地扫描整个数据集，快速准确地检测出潜在的噪声数据。值得注意的是，当规则集的设计紧密贴合数据集合的实际应用需求，且能够全面覆盖各种可能的噪声模式时，人机交互检测法的有效性将得到显著提升，噪声数据筛选的准确率也会随之提高。

人机交互检测法通过融合人类的智慧判断与计算机的高效处理能力，为噪声数据的检测与清理提供了一种高效、准确的解决方案。这种方法的成功应用，不仅依赖于分析人员的专业能力，还取决于规则集设计的合理性与全面性。

3. 不一致性处理

在探讨数据不一致性的根源时，我们首先需要借助数据字典、元数据或特定的数据函数来深入理解数据的结构和含义，从而精确识别并定位不一致数据的来源。这一过程对于后续的数据整理与修正至关重要。针对数据集中存在的重复或冗余记录，有效的处理策略包括运用各种字段匹配和组合技术来识别并消除这些多余数据。这些技术涵盖了从基础到高级的多种算法，如基本字段匹配算法，适用于简单直接的匹配场景；递归字段匹配算法，能够处理复杂层级结构中的重复数据；Smith－Waterman 算法和基于编辑距离的字段匹配算法，则擅长捕捉细微差异，适用于文本数据中的相似度分析，以及改进的余弦相似度函数，它基于向量空间模型，有效衡量记录间的相似程度。

此外，针对数据库中特定记录内容的不一致问题，我们不应忽视数据本身与外部信息源的关联。通过手动核对与修正，如参考标准流程纠正编码不一致，或依据原始文档对比并修改录入错误，是提升数据准确性的重要手段。同时，借助知识工程工具也是一大助力，这些工具能够自动检测并报告违反数据约束条件的情况，帮助用户及时发现并解决问题，确保数据的完整性和一致性。处理数据不一致性需要综合运用自动化工具与人工审核，结合多种匹配算法和外部信息源，以实现数据质量的全面提升。

二、数据集成

（一）基本概念

数据集成是一项关键性技术，旨在将散布于不同独立系统、运行于各异软硬件平台上的多样化数据源，遵循既定规则整合为一个统一的整体，确保数据全局一致性，进而赋予用户无缝、透明的数据访问体验。在信息系统日益孤岛化、异构化的背景下，缺乏有效数据集成方案将严重阻碍数据的流通、共享与深度融合。随着大数据时代的全面到来，人们对大数据集成的需求变得尤为迫切。

大数据集成技术，根植于传统数据集成方法论，直面数据源广泛分布、高度分散及应用系统间缺乏直接关联的挑战。它巧妙地在保持各应用系统原有数据源独立性的同时，将集成任务智能分配给各数据源，实现并行化处理，待处理完毕后再进行结果的汇总与呈现。从狭义视角审视，大数据集成聚焦于数据本身的合并与规整策略；而从广义层面出发，它则涵盖了数据存储管理、数据迁移调度、数据处理优化等全链条活动，强调仅在处理终端对结果进行集成，而非事先合并各数据源数据，此举显著减少了处理时耗与存储负担。

数据集成系统作为这一过程的执行者，根据多样化需求灵活地在数据源与集成目标间架起桥梁，完成数据的转换、整合工作，并提供统一的访问接口，响应用户对任何数据源的查询请求，确保用户能够以直观、无碍的方式探索和利用这些宝贵的数据资源。

（二）需要解决的问题

鉴于各类信息系统紧密贴合具体业务需求，且它们的建设时期各异，这直接导致了数据存储方式与管理系统架构的显著差异性。这种差异性不仅体现在数据的物理存储层面，还深刻影响着数据的逻辑组织形式与属性类别的多样性。因此，在数据集成的过程中，数据的转换与迁移成了不可或缺的一环，其旨在将来源各异的数据统一到兼容的格式和标准下，以便后续的分析与处理。

随着技术的不断进步和时代的快速发展，数据集成的架构与技术也在不断迭代更新。为了应对日益复杂的数据环境，新的集成框架、中间件和转换工具不断涌现，旨在提高数据转换的效率、降低集成成本，并增强系统的可扩展性和灵活性。这种持续的技术革新不仅优化了数据集成流程，还促进了数据在不同系统间的无缝流动与共享，为企业的决策支持、业务优化及创新应用提供了坚实的基础。

总之，数据集成过程中的数据转换与迁移是应对信息系统多样性挑战的关键步骤，而数据集成架构与技术的不断更新则是适应时代变迁、提升数据价值的必要手段。

目前数据集成主要存在以下几个问题。

1. 异构性

异构性，作为数据集成领域的一个重要概念，涵盖了系统异构性和模式异构性两个层面。系统异构性指的是不同数据源所依托的应用系统、数据库管理系统及操作系统之间存在的差异，这些差异可能源于技术选型、版本迭代或架构设计的不同。而模式异构性则聚焦于数据源在数据存储模式上的多样性，具体包括但不限于关系模式（如传统的关系型数据库）、对象模式（面向对象数据库系统）、对象关系模式（结合了对象与关系特性的数据库系统）及文档模式（如 NoSQL 数据库中的文档型存储）等。

为了应对这些异构性挑战，数据集成系统扮演着至关重要的角色。它必须能够跨越系统间的界限，为各种异构数据提供统一的标识体系、存储方案和管理机制，从而有效屏蔽底层数据的复杂性和差异性。通过这一过程，数据集成系统为用户构建了一个统一的访问模式，使得用户能够以透明的方式查询和访问数据，无须关心数据背后的具体存储形式或系统架构。这种透明性不仅简化了用户操作，还极大地提升了数据资源的可访问性和利用效率。

2. 一致性和冗余

在数据集成的过程中，确保数据一致性是核心任务之一，这尤其体现在处理来自不同数据源的可能指向同一实体的冲突数据上。例如，在比较两个数据库中的"Product_ID"（整型）与"Prod_Number"（短整型），尽管两者在数据类型上存在差异，但通过分析其属性说明，我们可以合理推断它们均代表产品编号，很可能是同一属性的不同表现形式。此时，元数据的利用显得尤为重要，元数据作为关于数据的数据，提供了属性的详尽描述，包括名称、定义、数据类型、值域及处理空值的规则等，这些信息对于准确识别实体、避免模式集成错误至关重要。在确认两者为同一属性后，集成过程中我们需统一数据类型，确保数据的一致性和兼容性。

此外，数据集成还常面临由于属性命名不一致导致的数据不一致性问题，特别是在整合关于同一用户或实体的信息时，这一问题尤为突出。因此，不一致性处理构成了数据集成工作的基础挑战之一。

另外，数据冗余与重复也是集成过程中不可忽视的问题。当数据集中存在可由其他属性直接或间接"导出"的属性时（如产品总价格可由单价与数量计算得出），这不仅增加了数据处理的复杂度，还可能降低数据挖掘的效率。为有效应对数据冗余，相关性分析成为一种常用手段，通过计算相关系数、协方差等指标，我们可以量化属性间的关联程度，进而识别并处理冗余数据，优化数据集成结果。

3. 数据的转换

在集成结构化、半结构化及非结构化数据时，我们的首要任务是深入理解集成目标的具体需求，这是制定有效转换规则的前提。由于这三种类型的数据在结构、格式及表示方法上存在显著差异，因此我们必须根据目标需求精心设计转换策略，以确保数据能够顺利整合并转换成统一的数据格式。

转换规则的制定是一个关键步骤，它涉及识别各种数据源中的数据元素、定义它们之间的对应关系，以及确定如何将它们映射到目标数据模型中的相应字段。对于结构化数据，转换过程可能相对直接，主要关注于字段匹配和数据类型的统一；而对于半结构化或非结构化数据，转换则可能更加复杂，我们需要采用解析、提取、转换和加载等高级技术，从复杂的数据结构中抽取出有价值的信息，并将其转化为结构化形式，以便与目标数据模型兼容。

完成数据的整合与转换后，所有数据源中的数据都将遵循统一的数据格式，这不仅简化了后续的数据处理流程，还提高了数据的一致性和可用性。通过这样的集成过程，企业可以更有效地管理和利用跨多个系统和平台的数据资源，为决策支持、业务分析、产品创新等提供强有力的数据支撑。

4. 数据的迁移

随着企业业务环境的不断演变，当新一代应用系统取代旧有系统成为业务运营的核心平台时，确保数据的平稳过渡成为一项关键任务。这一过程中，根据目标应用系统的特定数据结构需求，对原有应用系统中积累的业务数据进行转换与迁移是不可或缺的步骤。这不仅关乎数据的连续性，还直接影响到新系统能否无缝承接旧系统的所有功能和历史记录，确保业务运作的顺畅无阻。

数据转换涉及将旧系统数据按照新系统的数据格式、数据类型及数据逻辑进行重新编排和适配，确保数据的准确性和一致性。这一过程可能包括字段的映射、数据类型的转换、数据清洗及数据格式的调整等。而数据迁移则是将转换后的数据从旧系统迁移到新系统，确保数据在新环境中的完整性和可用性。

因此，在应对系统升级时，我们必须精心规划并执行数据转换与迁移策略，以确保所有业务数据都能准确无误地过渡到新应用系统中，为企业的持续发展和创新奠定坚实的基础。

5. 数据的协调更新

在一个集成化的数据环境中，多个应用系统如报表生成系统、财务管理软件、事务处理平台、企业资源规划系统及安全与身份认证服务等，共同构成了一个紧密协作的生态体系。当这个体系中的某一应用系统的数据发生变动时，确保信息的及时流通与同步至关重要，以便其他依赖这些数据的应用系统能够迅速响应并执行必要的数据移动或更新操作。

为了实现这一目标，数据集成平台或中间件扮演着核心角色。它们不仅负责跨系统间的数据交换与整合，还承担着监控数据变更并触发相应通知机制的任务。一旦检测到特定应用系统的数据更新，集成平台会立即识别出哪些其他系统可能受到此次变更的影响，并通过预定义的消息传递机制（如事件驱动架构、消息队列等）向这些系统发送通知。

收到通知后，相关应用系统便可根据自身需求启动数据同步流程，从数据集成平台或原始数据源中获取最新的数据副本，并据此更新其内部数据库或缓存，确保所有应用系统中的数据保持最新且一致。这一过程对于维护业务连续性、提升决策效率及保障数据安全性至关重要。

因此，在一个高度集成的数据环境中，有效的数据变更通知机制是确保各应用系统间数据流畅通、协同工作的关键所在。

6. 非结构化数据与传统结构化数据集成

结构化数据，作为传统数据库中的主要内容，遵循着严格的模式定义，易于查询与管理。然而，在当前的数字时代，非结构化与半结构化数据占据了越来越大的比重，这些数据类型广泛存在于文档、电子邮件、网站内容、社交媒体帖子、音频文件及视频资料之中，它们往往游离于传统数据库体系之外，存储形式灵活多样。

针对非结构化与结构化数据的集成挑战，元数据和主数据成了不可或缺的关键概念。元数据，作为"关于数据的数据"，为数据提供了上下文信息、结构描述、属性定义等，是非结构化数据管理与集成的基础。通过为非结构化数据附加键、标签或其他形式的元数据，我们可以更有效地对其进行检索、分类和组织。

主数据，则是指在整个企业范围内共享的高价值业务数据，如客户信息、产品信息、员工信息等，它们是企业运营的核心资产。在数据集成过程中，我们利用主数据作为参照点，将非结构化数据与之关联，通过匹配企业标识、名称、图像等特征，为非结构化数据打上主数据标签，从而构建起异构数据源之间的桥梁。

例如，在处理包含企业信息的视频资料时，我们可以通过图像识别技术将视频中的企业商标、名称与主数据库中的相应条目进行匹配，并据此为视频添加元数据标签，实现视频内容与企业信息的无缝对接。这一过程不仅提升了数据的可发现性和可访问性，还为后续的数据分析、挖掘和应用打下了坚实的基础。因此，通过巧妙运用元数据和主数据，我们能够有效地促进非结构化与结构化数据之间的集成，推动数据价值的最大化释放。

7. 数据集成的分布式处理

面对众多数据源构成的分布式环境，为了提高数据集成处理的效率并减少数据冗余，一种高效的策略是将数据集成的处理任务智能地分配到各个数据源上，实现它们之间的协同合作与并行处理。

具体而言，这种分布式数据集成方案允许不同的数据源根据自身的能力和负载情况，并行地执行对数据的访问查询操作。每个数据源在接收到查询请求后，会独立地处理与其相关的数据部分，并生成中间结果。这些中间结果随后被汇总到一个中心节点或通过分布式计算框架进行整合，最终形成一个完整的数据集成视图。

通过这种方式，我们不仅可以显著加快数据处理速度，因为多个数据源能够同时工作，还避免了不必要的数据移动和复制，从而有效减少了数据冗余。此外，分布式处理还增强了系统的可扩展性和容错能力，因为新增数据源可以轻松地加入处理网络中，而个别数据源的故障也不会对整个集成过程造成致命影响。

将数据集成的处理过程分布到多个数据源上，并通过并行处理和结果整合来优化性能，是应对分布式数据源挑战、提升数据集成效率的一种有效策略。

第三节　大数据采集及处理平台

一、数据采集工具的特征

在广泛的应用领域中，一款优秀的数据采集工具应当凸显以下三大核心特征：首先，它必须实现低延迟操作，以应对大数据背景下日益增长的实时性需求。在数据从生成到收集、再到分析处理的快速流转链条中，分布式实时计算能力的不断提升要求数据采集环节具备极高的时效性和即时响应能力。其次，良好的可扩展性是不可或缺的。鉴于业务数据广泛分布于多个服务器集群之中，且这些集群随业务扩展或系统更新而动态变化，数据采集框架必须能够灵活适应，轻松实现扩展与部署，确保随需应变，无缝对接变化中的业务环境。最后，强大的容错机制是保障数据采集系统稳定运行的关键。鉴于该系统服务于庞大的网络节点网络，面对高吞吐量和高效采集存储的双重挑战，当遭遇网络波动或个别采集节点故障时，系统必须能够持续稳定地采集数据，确保数据不丢失，维持业务连续性。

二、大数据处理平台

（一）Flume

Flume，作为 Apache 软件基金会旗下的一个开源项目，以其分布式、高可靠性和易扩展性，成了数据采集领域的佼佼者。起初由 Cloudera 设计，专注于企业日志数据的整合，如今已发展成为一套全面的解决方案，能够高效地采集、聚合及传输海量日志数据及其他流数据事件。

Flume 的核心架构基于流式数据流模型，通过部署在数据源与目的地之间的 Agent 实现数据的无缝流转。每个 Agent 作为 Flume 的独立运行单元，依托 Java 虚拟机运行，并内置了三大关键组件：Source、Channel 和 Sink，它们通过事件这一基本数据单元协同工作。事件由消息头和消息体构成，日志数据以字节数组形式封装于消息体内。

Source：作为数据采集的起点，Source 负责捕获外部数据源的数据，进行必要的格式化处理，并将其封装成事件后发送到 Channel 中。Flume 支持多样化的数据源，包括但不限于 Avro、Thrift、HTTP、Syslog 等多种协议和文件系统，甚至允许用户根据需求定制 Source。特别地，Avro Source 和 Thrift Source 分别通过远程过程调用协议高效接收数据，前者面向 JVM 环境，后者则支持跨语言通信，增强了系统的互操作性。

Channel：作为 Source 与 Sink 之间的桥梁，Channel 负责暂存从 Source 接收但尚未被 Sink 处理的数据。Channel 的设计灵活多样，可根据应用需求选择内存、文件或JDBC 等不同实现方式。内存 Channel 以其高速吞吐著称，但存在数据丢失风险；而文件 Channel 通过磁盘存储确保了数据的持久性和完整性，尽管性能略逊一筹。

Sink：作为数据流的终点，Sink 负责将 Channel 中的数据导出至最终目的地，如HDFS、HBase、ElasticSearch 等存储系统或另一个 Flume Agent。Sink 同样支持内置和用户自定义两种类型，满足多样化的数据处理和传输需求。例如，HDFS Sink 以流式方式写入 HDFS，支持文件滚动；HBase Sink 和 AsyncHBase Sink 则分别通过同步和异步方式将数据写入 HBase，后者在性能上更胜一筹但牺牲了部分同步性。

在实际部署中，Flume 可以灵活配置为单一流程或多代理流程，后者通过多个Agent 顺序连接，形成复杂的数据传输网络。这种设计不仅提高了系统的可扩展性，还通过数据复制和分发策略增强了系统的可靠性和灵活性，使得 Flume 能够适应各种复杂的数据采集和传输场景。

（二）Scribe

Scribe，作为 Facebook 贡献给开源社区的实时分布式日志收集系统，其设计基于Facebook 内部广泛使用的 Thrift 框架，展现了出色的跨语言和跨平台能力，支持包括C++、Java、Python 在内的多种编程语言，以及 PHP、Ruby、Erlang 等多种脚本和函数式语言，确保了在不同技术栈环境下的灵活应用。Scribe 不仅限于文本日志的收集，还能处理图片、音频、视频等多媒体文件及附件，展现了广泛的适用性。其架构设计确保了即便在网络波动或个别节点故障时，系统仍能稳定运行，体现了高度的可靠性和容错性，尽管该系统已多年未进行活跃维护，但其设计理念和技术实现仍具有参考价值。

Scribe 采用经典的客户端/服务器（Agent/Server）架构模式运作。客户端作为Thrift 客户端部署于数据源端，通过 Thrift 框架预定义的接口协议，主动将日志数据推送至 Scribe 服务器集群。服务器端由中央服务器与分布于多个节点上的本地服务器共同构成，形成高效协同的工作体系。本地服务器负责接收客户端发送的日志数据，利用共享队列机制暂存数据，并随后转发至中央服务器。面对中央服务器暂时不可用的情况，本地服务器具备智能缓存功能，能将数据安全存储在本地磁盘，待中央服务器恢复后自动补传，确保数据不丢失。中央服务器则负责将汇聚的日志数据持久化存储至本地磁盘或集成至分布式文件系统（如 NFS、DFS 等），为后续的数据分析与挖掘工作奠定坚实基础。

在数据交互层面，Scribe 客户端向服务器发送的数据记录遵循特定的结构，由 Category 与 Message 两部分构成。服务器根据 Category 字段的值，智能选择对 Message 内容的处理策略，包括但不限于直接存储至文件（File）、采用双层存储架构以增强数据可靠性（Buffer）、通过网络转发至另一 Scribe 服务器实现数据共享（Network）、利用哈希算法优化数据存储分布（Bucket）、忽略无价值数据以减少存储负担（Null）、特定格式存储至 Thrift TFileTransport 文件（Thriftfile），以及组合多种存储策略以应对复杂需求（Multi），这些灵活多样的处理方式共同构成了 Scribe 强大且灵活的数据处理能力。

（三）Time Tunnel（TT）

TT，作为阿里巴巴集团内部广泛采用的开源实时数据传输平台，它根植于 Thrift 通信框架，以高效性、实时性、顺序传输、高可靠性、高可用性及卓越的可扩展性为特点，在阿里巴巴生态系统中扮演着至关重要的角色。该平台专注于数据传输服务，虽然不直接提供数据采集功能，却为构建高性能、大吞吐量的数据收集解决方案奠定了坚实的基础架构。

在阿里巴巴的大数据生态系统中，TT 被广泛应用于多种场景，包括但不限于日志的高效汇集、关键业务数据的实时监控、广告效果的即时反馈、大规模数据的量子统计分析及数据库间的增量数据同步等。其核心优势在于其作为数据传输枢纽的能力，能够确保数据在不同系统间快速、准确流通。

TT 平台的设计基于先进的消息订阅与发布机制，整个系统被精心划分为几个关键组件：Client（客户端），负责发起数据传输请求；Router（路由器），智能调度数据流向，确保数据能够高效、有序地传输至目标位置；ZooKeeper（分布式服务协调组件），负责维护系统状态，确保各组件间的协同工作；Broker（缓存代理），作为数据传输过程中的缓冲节点，提高系统的容错性和吞吐量；以及 TT Manager，对整个 TT 平台进行管理和监控，保障系统的稳定运行。

通过这样的架构设计，TT 不仅支持数据库的增量数据传输，确保数据的实时同步与一致性，还能有效处理日志数据的快速流转，满足实时分析的需求。同时，作为数据传输服务的基础架构，TT 还为实时流式计算及基于不同时间窗口的批量计算提供了强有力的支持，极大地丰富了大数据处理的应用场景。

1. Client

TT 系统的 Client 组件是一个为用户提供丰富交互能力的接口集合，其通过一系列精心设计的 API，使得用户能够轻松实现消息的发布与订阅功能。这一组件特别注重安全性，内置了安全认证机制，确保用户操作的安全性与数据的隐私保护。目前，TT 系统的 Client 已经支持多种编程语言，包括但不限于 Java、Python 和 PHP，为用户提供了跨平台的灵活性和便利性。

在 API 分类上，TT 系统的 Client 主要涵盖了三大核心功能板块。

安全认证 API：这一系列 API 专注于用户身份的验证与授权，确保只有合法用户才能访问系统资源，进行消息的发布与订阅。通过实施严格的安全策略，我们有效防止了未授权访问和数据泄露的风险。

消息发布 API：用户可以利用这些 API 将自定义的消息推送到 TT 系统中，供其他订阅者接收。这一功能支持多种消息格式，包括文本、JSON 等，满足不同场景下的通信需求。同时，API 还提供了丰富的配置选项，允许用户自定义消息的优先级、过期时间等属性。

消息订阅 API：订阅者通过这些 API 可以注册对特定类型或主题的消息的兴趣，一旦有符合条件的消息发布到系统中，订阅者将立即收到通知。消息订阅 API 支持灵活的订阅模式，如精确匹配、模糊匹配等，满足不同用户对消息过滤的需求。

随着技术的不断发展和用户需求的日益多样化，TT 系统的 Client 组件将持续更新迭代，支持更多编程语言和高级功能，为用户提供更加便捷、高效的消息发布与订阅体验。

2. Router

Router 在 Time Tunnel 架构中扮演着至关重要的角色，作为访问该系统的门户，它集成了路由服务、安全认证及负载均衡三大核心功能，并同时承担着监控和管理各个 Broker 工作状态的职责。

当 Client 尝试接入 Time Tunnel 系统时，首要步骤便是向 Router 发起安全认证请求。这一认证过程确保了只有授权的用户或服务能够接入系统，从而维护了数据传输的安全性和私密性。一旦认证通过，Router 随即根据 Client 请求中指定的 Topic（主题），智能地解析并确定该 Topic 对应的数据应当流向哪个或哪些 Broker 进行处理。

在确定了合适的 Broker 后，Router 会迅速生成并返回给 Client 相应的 Broker 地址信息，为后续的数据传输建立通道奠定基础。为了确保数据的高效流通与均衡负载，Router 还启动了一套精细的路由机制，该机制能够引导 Client 与指定的 Broker 建立稳定的连接，并通过负载均衡策略优化数据流的分配，使得所有 Broker 能够均衡地承担 Client 的访问请求，避免单一节点过载，从而提升了整个系统的稳定性和响应速度。

Router 不仅是 Time Tunnel 系统的安全守卫，也是智能的数据导航员和高效的负载均衡器，它的存在使得 Client 能够顺畅、安全地接入系统，并确保了数据能够在系统内部得到高效、均衡的处理。

3. Broker

Broker 作为 Time Tunnel 系统的核心枢纽，承载着关键的数据流量处理任务，负责消息队列的读写操作及消息的存储与转发。这一组件以环形结构组织成集群，形成了一个高效且可靠的存储系统。

环形结构的设计不仅优化了数据访问路径，还内置了数据冗余与恢复机制。在这一结构中，每个 Broker 节点都预设有后续的备份节点，这种配置确保了系统的高可用性和数据持久性。当集群中的某个 Broker 节点因故障而无法正常工作时，系统能够迅速从其备份节点中恢复丢失的数据，从而保持数据流的连续性和完整性。

此外，Broker 集群通过配置向 Router 传达其负载均衡策略，这是保障系统高效运行的关键一环。Router 根据这些策略智能地分配 Client 请求到不同的 Broker，确保负载在集群内均匀分布，避免单点过载，进而提升了整个系统的吞吐能力和响应速度。

Broker 集群以其环形结构设计、高效的消息处理能力，以及内置的数据冗余与恢复机制，共同构成了 Time Tunnel 系统的坚实基石，为数据的快速、安全传输提供了有力保障。

4. Zookeeper

ZooKeeper，作为 Apache Hadoop 生态系统中的一个关键组件，其角色远不止于仅仅是 Hadoop 项目内部的状态同步工具。ZooKeeper 实质上是一种高性能的分布式协调服务，它广泛应用于各种分布式系统中，用于维护配置信息、命名服务，提供分布式同步及组服务等。在特定的分布式消息系统或流处理框架（如某些基于 Apache Kafka 或类似架构的系统）中，ZooKeeper 充当了状态同步和管理中心的角色。

在这类系统中，ZooKeeper 负责存储并管理 Broker（消息代理服务器）和 Client（客户端）的状态信息，这使得系统的其他组件（如 Router，路由器或调度器）能够通过 ZooKeeper 感知到系统状态的变化。这些变化包括但不限于：

Broker 环的增减：当新的 Broker 节点被添加到集群中或被从集群中移除时，ZooKeeper 会记录下这些变化，确保消息路由的准确性和高效性。

环节点的增删：在某些复杂系统中，可能涉及更细粒度的环节点（如分区、队列等）的增减，ZooKeeper 同样负责记录这些变更。

Topic 的增删：Topic 是消息系统中用于区分不同消息流的关键概念，ZooKeeper 存储了 Topic 的元数据，包括它们的创建、删除及配置信息。

系统用户信息变化：对于需要认证和授权的系统，ZooKeeper 也用于存储和管理用户信息，包括用户权限、角色等，以支持安全策略的实施。

Router 作为系统中的关键组件，通过持续监听 ZooKeeper 中的状态变化，能够实时调整其路由策略，确保消息能够准确无误地从一个或多个 Broker 传输到目标位置。这种基于 ZooKeeper 的动态感知和自适应调整机制，极大地增强了分布式消息系统的灵活性和可靠性。

总之，ZooKeeper 在分布式系统中扮演着至关重要的角色，它不仅是 Hadoop 生态系统的一部分，更是众多分布式应用实现高效状态同步和管理的基石。

5. TT Manager

TT Manager 在 Time Tunnel 平台中扮演着至关重要的管理与协调角色。它不仅是平台对外服务的窗口，负责接收并处理来自外部的消息队列申请、删除请求、状态查询等操作，同时也是内部运维的中枢，承担着集群存储系统的全面管理职责。

对外，TT Manager 提供了一套完整的 API 接口，使得用户或应用程序能够便捷地申请新的消息队列、删除不再需要的队列，或是查询现有队列的状态信息。这些功能共同保障了 Time Tunnel 平台服务的灵活性和易用性。

对内，TT Manager 则发挥着故障检测与恢复、资源优化与调度的核心作用。它通过持续监控系统状态，能够及时发现并响应各种潜在或已发生的故障，如 Broker 节点的宕机、网络延迟等。一旦检测到故障，TT Manager 会迅速启动相应的应急预案，包括但不限于消息队列的自动迁移、负载的重新分配等，以确保服务的连续性和数据的完整性不受影响。

此外，TT Manager 还负责集群存储系统的整体规划与优化。它根据业务需求、系统负载等因素，动态调整存储资源的分配，优化数据的存储布局，以提高数据访问效率，降低存储成本。

TT Manager 以其全面的管理能力、高效的故障响应机制及智能化的资源调度策略，确保了 Time Tunnel 平台的稳定运行和持续优化，为大数据环境下的实时数据传输提供了坚实保障。

第四节　分布式文件系统

一、HDFS 相关概念

HDFS 分布式文件系统概念相对复杂，下面我们将介绍 HDFS 中的几个重要概念。

（一）块

在深入探讨 HDFS 的块概念时，我们不难发现它与传统操作系统层面上的块概念有显著的不同，尤其是在大小和用途上。在传统操作系统中，块通常是磁盘操作的基本单位，通常较小（如 512 字节），用于管理文件系统的物理存储。

然而，在 HDFS 这一专为大规模数据存储设计的分布式文件系统中，块的概念被赋予了新的含义和重要性。HDFS 中的块是一个逻辑上的大型数据单元，其默认大小远超传统操作系统的块，通常为 64MB，这一设计旨在提升大文件的存储和处理效率。

1. HDFS 块的优势

支持超大文件存储：通过将大文件分割成多个块，HDFS 能够存储远超单个节点磁盘容量的文件，有效打破了存储空间的限制。这种分而治之的策略使得 HDFS 成为处理 PB 级数据集的理想选择。

简化存储管理：固定大小的块设计简化了存储系统的复杂性。每个块的大小相同，这使得文件系统的元数据管理（如块的位置信息）更加高效。此外，块的内容与元数据分离存储，这进一步提升了系统的可扩展性和性能。

增强容错能力：HDFS 通过复制每个块的多个副本来提高数据的可靠性和可用性。默认情况下，每个块会被复制为三份，并分布存储在不同的节点上。这种冗余机制确保了即使部分节点发生故障，数据依然可以从其他副本中恢复，且这一过程对用户完全透明。

2. 数据操作与恢复

在 HDFS 中，当用户请求访问存储在集群中的文件时，文件系统会利用名称节点来定位文件块的副本位置。如果某个节点上的块副本因故障不可用，HDFS 会自动从其他节点上的副本中读取数据，并在适当的时候重新复制数据到新的节点上，以恢复所需的冗余级别。这一过程无须用户干预，确保了数据访问的连续性和系统的健壮性。

HDFS 中的块设计是其实现高效、可靠、可扩展大规模数据存储的关键之一。通过分割大文件、固定块大小，以及复制冗余等策略，HDFS 不仅克服了传统文件系统的局限性，还为大数据处理提供了强大的基础设施支持。

（二）元数据

元数据信息包括名称空间、文件到文件块的映射、文件块到数据节点的映射三个部分。

（三）名称节点

NameNode 在 Hadoop 分布式文件系统（HDFS）中扮演着核心管理者的角色，负责监控并管理整个文件系统的命名空间。它存储并维护着文件系统的文件树结构，以及所有文件和目录的元数据，这些信息对于确保数据的准确访问至关重要。NameNode 利用两种关键的数据结构——FsImage 和 EditLog，在本地文件系统中高效存储和管理这些信息。

FsImage（文件系统镜像）：FsImage 是文件系统的一个快照，它保存了文件系统中所有目录和文件的 inode 对象序列化后的数据。每个 inode 是一个文件或目录的元数据结构体，包含了诸如文件大小、创建/修改时间、权限、块大小及块位置映射等关键信息。然而，需要注意的是，FsImage 并不直接存储块与数据节点的具体映射关系，这部分信息由 NameNode 在内存中动态维护。每当数据节点加入集群或报告其块信息时，NameNode 会更新内存中的块映射表。

EditLog（编辑日志）：与 FsImage 不同，EditLog 记录了文件系统的所有变更操作，如文件的创建、删除、重命名等。这种设计允许 NameNode 在重启时通过重放 EditLog 中的记录来恢复内存中的元数据状态，从而与 FsImage 中的快照数据保持一致。由于 EditLog 相比 FsImage 更为轻便，它能够高效地记录大量的小规模变更，而不会对系统性能造成显著影响。然而，随着时间的推移，EditLog 会不断累积记录，导致在 NameNode 重启时初始化过程变长，这可能会暂时影响 HDFS 的写操作性能，因为此时系统处于安全模式。

为了优化这一过程，HDFS 采用了一种被称为"检查点"的机制。在 NameNode 运行期间，系统会定期将内存中的元数据状态与 EditLog 中的变更记录合并，生成一个新的 FsImage，并清空 EditLog。这样，即使 EditLog 在长时间运行后变得庞大，NameNode 重启时的初始化时间也能得到有效控制，因为只需要加载最新的 FsImage 并应用相对较少的 EditLog 记录即可。这种机制确保了 HDFS 的稳定性和高效性，同时减少了因 NameNode 重启而对用户造成的影响。

（四）辅助名称节点

在 HDFS 中，Secondary NameNode 扮演着辅助 NameNode 的关键角色，特别是在 NameNode 的故障恢复和数据一致性维护方面。当 NameNode 长时间运行后，EditLog 文件会累积大量的更改记录，导致重启 NameNode 时合并这些更改到 FsImage（文件系统镜像）文件的过程耗时较长，且存在数据丢失的风险。为了解决这些问题，Secondary NameNode 执行以下步骤：

请求暂停 EditLog 写入：Secondary NameNode 会定期与 NameNode 通信，请求其暂时停止向当前的 EditLog 文件中写入新的日志条目，并将新的写操作重定向到一个新的临时文件（如 edit. new）。这个切换操作对 NameNode 的上层写日志功能几乎是透明的，不会造成写操作的延迟或中断。

获取 FsImage 和 EditLog：通过 HTTP GET 请求，Secondary NameNode 从 NameNode 下载最新的 FsImage 文件和 EditLog 文件到本地存储。这两个文件包含了文件系统的元数据和所有的更改记录。

合并 FsImage 和 EditLog：在本地，Secondary NameNode 首先加载 FsImage 文件到内存中，形成一个文件系统的内存镜像。然后，它遍历 EditLog 文件中的每一条记录，应用这些更改到内存中的 FsImage 镜像上，从而确保内存中的 FsImage 是最新的。这个过程被称为 FsImage 和 EditLog 的合并。

上传新的 FsImage：合并完成后，Secondary NameNode 通过 HTTP POST 请求将更新后的 FsImage 文件发送回 NameNode。NameNode 接收到新的 FsImage 后，会用它替换掉旧的 FsImage 文件，并将 edit. new 文件重命名为 EditLog，正式成为新的 EditLog 文件。这样，旧的 EditLog 文件就被清理掉了，从而减小了 EditLog 的大小，为后续的操作节省了时间和空间。

NameNode 恢复：如果 NameNode 发生故障，Secondary NameNode 可以作为数据恢复的起点。通过其保存的 FsImage 和 EditLog（或合并后的 FsImage），管理员可以恢复 NameNode 的状态，确保数据的一致性和系统的可用性。然而，需要注意的是，Secondary NameNode 并不直接参与 NameNode 的故障切换过程，它更多是作为数据备份和辅助恢复的工具。在 HDFS 的高可用性配置中，我们通常会使用 Zookeeper 和 JournalNode 等组件来实现 NameNode 的自动故障转移。

（五）数据节点

DataNode 在 Hadoop 分布式文件系统（HDFS）中扮演着至关重要的角色，作为数据存储的核心节点，它们负责实际存储和检索文件系统中的数据块。DataNode 直接受客户端或 NameNode 的调度，执行数据的读写操作，并承担着维护数据完整性和可用性的责任。

具体来说，DataNode 会根据 NameNode 的指示存储特定的数据块，并确保这些数据块能够被高效地访问。当客户端需要读取或写入数据时，它首先与 NameNode 通信，NameNode 会告诉客户端数据块的具体位置（存储在哪个 DataNode 上），然后客户端直接与相应的 DataNode 进行数据传输。

为了保持 NameNode 对集群状态的准确了解，DataNode 会定期执行几个关键操作：

块报告：DataNode 会定期向 NameNode 发送它们所存储的所有块的列表。这个报告让 NameNode 能够构建和更新整个文件系统的块映射，确保它能够准确地追踪每个块的位置和状态。

心跳：除了块报告之外，DataNode 还会通过心跳机制定期向 NameNode 发送信号，表明它们仍然处于活跃状态。心跳消息通常包含 DataNode 的基本状态信息，如存储容量、已用空间等，这有助于 NameNode 监控集群的健康状况。

数据块复制与恢复：如果 NameNode 检测到某个数据块的副本数量低于设定的冗余级别，它会指示 DataNode 创建新的副本，以确保数据的可靠性和可用性。同样，如果 DataNode 出现故障或数据损坏，NameNode 会触发数据恢复流程，从其他 DataNode 复制数据块以恢复丢失的数据。

通过这些机制，DataNode 与 NameNode 紧密协作，共同维护 HDFS 文件系统的稳定性和性能。DataNode 不仅是数据存储的基石，还是确保数据高可用性和容错能力的关键组件。

二、HDFS 体系结构

在 Hadoop 的 HDFS 架构中，主从模式被广泛应用于实现高效且可扩展的分布式文件存储系统。这一架构的核心组成部分包括一个名称节点和多个数据节点，它们共同协作，确保数据的安全、可靠和高效访问。

1. 名称节点

角色与功能：名称节点作为 HDFS 集群的"大脑"，扮演着中心服务器的角色，负责管理整个文件系统的命名空间，包括文件和目录的结构。它是系统中唯一的元数据管理者，负责存储文件的元数据（如文件属性、修改时间）及数据块与 DataNode 之间的映射信息。

关键任务：配置数据块的副本策略，以确保数据的高可用性和容错性；处理来自客户端的请求，如文件的打开、关闭、重命名等操作；维护文件系统的状态，包括数据块的创建、删除和复制指令的下发。

故障影响：由于 HDFS 集群中通常只有一个名称节点，它成了系统的单点故障源，一旦名称节点发生故障，将严重影响整个 HDFS 系统的可用性和数据访问。

2. 数据节点

角色与功能：每个 DataNode 负责管理其所在物理节点上的存储资源，存储实际的数据块。DataNode 是 HDFS 存储能力的提供者，负责执行实际的文件读写操作。

关键任务：响应来自客户端的读/写请求，根据名称节点的指令创建、删除和复制数据块；定期向名称节点报告其存储状态，包括数据块的健康状况和存储使用情况。

交互方式：DataNode 与客户端之间的交互通过远程过程调用实现，而 DataNode 与名称节点之间则遵循特定的数据节点协议，确保数据的正确传输和管理。

3. 客户端

角色与功能：客户端是用户与 HDFS 交互的接口，提供了访问 HDFS 文件系统的能力。客户端库封装了 HDFS 的 API，这使得用户能够以文件的形式存储和访问数据。

关键操作：支持文件的打开、读取、写入等常规文件系统操作。客户端通过配置的端口与名称节点建立 TCP 连接，使用客户端协议与名称节点通信以获取文件元数据和数据块位置信息；直接与 DataNode 交互以完成数据的读写操作。

HDFS 的主从架构通过明确的角色分工和高效的交互机制，实现了对大规模数据集的可靠存储和高效访问。名称节点作为系统的核心，负责全局的元数据管理和调度；数据节点则专注于数据的本地存储和读写操作；客户端则作为用户与 HDFS 之间的桥梁，提供了丰富的文件操作接口。这一架构的设计充分考虑了系统的可扩展性、可靠性和性能需求，使得 HDFS 成为大数据处理领域的重要基础设施之一。

三、HDFS 存储原理

为了增强 HDFS（Hadoop 分布式文件系统）的容错性和可用性，系统采用了多副本机制来冗余存储数据块。这一设计确保了数据的高可靠性，即使在部分节点或机架出现故障时，数据依然可以通过其他副本进行访问。

在大型 HDFS 集群中，节点通常分布在不同机架上，这些机架又可能跨越多个数据中心。由于机架间通信相比机架内通信存在更高的数据传输成本，HDFS 在设计时考虑了如何优化数据布局以减少这些成本并最大化性能。

NameNode 通过机架感知功能，能够识别每个 DataNode 所属的机架 ID，并据此优化副本的放置策略。这一策略的核心目标是在保证数据冗余的同时，尽量减少因硬件故障导致的数据丢失风险，并优化读写性能。具体来说，HDFS 默认采用的三副本策略如下：

第一个副本：通常放置在上传文件的客户端所在的数据节点上，如果客户端不在集群内部，则随机选择一个磁盘空间充足且 CPU 负载较低的节点存放。这样做可以减少网络传输距离，提高写操作的效率。

第二个副本：放置在与第一个副本不同但处于同一机架内的另一个节点上。这一策略有助于在机架内实现数据的高可用性，同时利用机架内较高的带宽进行数据传输。

第三个副本：跨机架放置，选择不同机架上的一个节点存放。这是为了确保数据的地理分散性，防止整个机架故障导致数据丢失。此外，这种布局还有助于在读操作时利用多个机架的带宽资源，提高数据访问的并行性和效率。

HDFS 的副本放置策略旨在平衡数据冗余、容错性、读写性能及成本之间的关系。虽然跨机架写操作可能增加了一定的成本，但这一策略确保了数据的高可用性和在组件失效情况下的负载均衡能力。同时，通过智能的读操作优化，HDFS 能够最大限度地减少带宽消耗和延迟，提升用户体验。

第五节　数据库与数据仓库

一、数据库

随着互联网技术的迅猛发展，海量数据的涌现对传统数据处理技术提出了严峻挑战。传统关系型数据库，在结构化数据的存储与管理方面展现出了成熟的技术实力并获得了广泛应用，但在大数据时代背景下，其局限性日益凸显。非结构化数据在大数据中占比增大，使得如何有效地将这些复杂、多样的数据组织成逻辑清晰、结构合理的形式，进而便于深入挖掘出更具价值的信息，并将其成功应用于商业领域，成了数据库技术亟须解决的关键问题。这不仅是对传统数据处理技术的一次深刻反思，也是推动数据库技术在大数据时代不断创新与演进的重要驱动力。

（一）传统关系型数据库面临的问题

传统关系型数据库，以其结构化的数据组织方式、严格的数据一致性模型、简洁的查询语言、强大的数据分析能力及对程序与数据的高独立性，长久以来在数据处理领域占据主导地位。然而，随着互联网时代的到来，数据量的爆炸性增长及数据类型的多样化，传统关系型数据库在处理海量数据方面逐渐暴露出诸多局限性。首先，关系模型固有的按内容访问机制限制了其快速访问海量数据的能力，即便采用分区技术也难以在庞大数据集上显著提升性能。其次，面对用户日益增长的灵活查询需求，传统关系型数据库缺乏即时响应能力，往往需要人工介入进行查询优化，难以满足现代企业对快速响应市场变化的迫切需求。再次，对于非结构化数据如声音、图像、视频等复杂数据类型，传统关系型数据库的处理能力显得尤为薄弱，仅能提供基本的二进制存储功能，远不能满足当前对多媒体数据深入加工和智能分析的需求。最后，海量数据的存储不仅要求企业在存储硬件上进行大规模投资，还带来了高昂的维护管理成本，使得存储成本成为企业 IT 支出中不可忽视的一部分，这进一步加剧了企业在业务发展与 IT 投入之间的平衡挑战。

（二）分布式数据库 HBase

1. HBase 概述

HBase，作为 Apache Hadoop 生态系统中的关键组件，沿袭了 Hadoop 的横向扩展策略，通过灵活添加成本效益高的商用服务器来增强计算与存储能力。基于 Google BigTable 的设计理念，HBase 构建了一个面向列的、高度可扩展的分布式数据库系统，直接运行于 HDFS 之上。尽管 Hadoop 在批量离线数据处理方面表现出色，但其 MapReduce 框架的高延迟及 HDFS 的批量顺序访问特性限制了其在实时数据处理领域的应用。相反，HBase 凭借其随机访问、存储与检索数据库的能力，弥补了这一空白，实现了对大规模数据的即时操作。

面对传统关系型数据库在处理爆炸性增长数据时遭遇的扩展性和性能瓶颈，HBase等非关系型数据库应运而生，为数据存储提供了新的视角。与传统关系型数据库相比，HBase 展现出几个显著区别：首先，在数据类型上，传统关系型数据库采用复杂的关系模型支持多样化的数据类型，而 HBase 则采用简化的键－值模型，将所有数据视为字符串处理，提供了极大的灵活性；其次，数据操作方面，传统关系型数据库支持复杂的表连接与查询，而 HBase 则专注于简单的 CRUD（创建、读取、更新、删除）操作，尤其是基于主键的高效查询，避免了复杂的表间关系处理；最后，在存储模式上，传统关系型数据库遵循行存储模式，可能导致资源浪费，而 HBase 的列存储设计则优化了 I/O 效率，支持高并发查询，通过仅处理查询相关列来减少数据访问量，同时利用列族内数据的相似性实现高效压缩，进一步提升了存储效率。

2. HBase 数据模型

HBase 是一个设计用于处理大规模数据集的分布式、稀疏、多维的 NoSQL 数据库，其核心特性之一是其独特的存储模型，该模型通过行键、列族、列限定符和时间戳四个维度来索引和存储数据。这种设计使得 HBase 特别适合于需要高速随机读写访问、大规模数据集处理及灵活数据模型的应用场景。

（1）表结构

在 HBase 中，数据被组织成表的形式，每个表由行和列构成，但与传统关系型数据库不同，HBase 的列不是静态定义的，而是动态且灵活的。表的设计允许列被划分为一个或多个列族，列族作为数据管理和访问控制的基本单元，必须在表创建时预先定义。列族内的列则可以根据需求动态添加，提供了极大的灵活性。

（2）行与行键

行是 HBase 表的基本数据单位，每个行由一个唯一的行键标识。行键是访问 HBase 表中数据的关键，它决定了数据在表中的物理存储位置，也是数据排序和检索的基础。行键可以是任意字符串，通常设计时会考虑到数据的访问模式和查询效率。HBase 提供了三种基本的行访问方式：通过精确的行键访问单行、通过行键范围访问多行及全表扫描。

（3）列族与列限定符

列族是 HBase 中的一个核心概念，它是一组列的集合，这些列通常存储相似类型的数据，从而便于数据的压缩和管理。列族在表创建时定义，一旦设定便不可更改，但列族内的列可以动态增加。每个列都属于某个列族，且列族内的数据物理上存储在一起，这有助于优化读写性能。列限定符则用于进一步区分同一列族内的不同列，提供了列级别的灵活性。

（4）单元格与版本控制

在 HBase 中，通过行键、列族、列限定符的组合我们可以唯一确定一个单元格。单元格是存储数据的最小单位，它存储的是未经解释的字节序列（字符串），用户需要根据应用需求自行解析数据类型。每个单元格可以保存数据的多个版本，这些版本通过时间戳来区分。时间戳在每次数据操作（插入、更新、删除）时自动生成，保证了数据的历史可追溯性。单元格内的数据版本按照时间戳降序排列，确保最新版本的数据总是最先被访问。

（5）数据坐标与访问机制

HBase 采用了一种基于坐标的访问机制来定位和检索数据。每个数据值都通过其行键、列族、列限定符和时间戳这四个坐标来确定，这种设计使得 HBase 能够高效地处理大规模稀疏数据集。用户通过指定这些坐标参数来执行读取、写入或删除操作，确保了数据访问的精确性和高效性。

HBase 通过其独特的行键、列族、列限定符和时间戳索引机制，以及基于坐标的数据访问方式，为处理大规模、高并发的数据集提供了强大的支持。这种设计使得 HBase 成为构建大数据平台、实时分析系统和云计算基础设施的理想选择。

3. HBase 体系结构

HBase 的高效运作依赖于其精心设计的四个核心功能组件：客户端库、Zookeeper 集群、Master 服务器，以及 Region 服务器。这些组件协同工作，确保了 HBase 能够处理 PB 级数据的存储与访问需求。

首先，客户端库作为用户与 HBase 交互的桥梁，提供了一套丰富的 API，允许开发者通过简单的编程接口执行数据的增删改查等操作。这些操作请求随后被发送到集群中的相应组件进行处理。

Zookeeper 集群在 HBase 中扮演着至关重要的角色，它不仅是集群管理的大脑，还负责维护集群的状态信息。每台 Region 服务器启动后，都会向 Zookeeper 注册其服务状态，Zookeeper 则实时跟踪并记录这些信息，确保 Master 能够随时掌握集群的健康状况和资源分布。当 Region 服务器状态发生变化（如宕机或重启）时，Zookeeper 会立即通知 Master，以便 Master 能够迅速做出响应，如重新分配 Region，保证数据的可用性和服务的连续性。

Master 服务器是 HBase 集群中的管理者，它负责全局的元数据管理和 Region 的分配与负载均衡。Master 跟踪每个表的 Region 分布情况，包括每个 Region 的存储位置（所在的 Region 服务器）和状态。随着数据的增长，当某个 Region 的大小超过预设阈值时（通常为 100~200MB），Master 会触发 Region 的分裂操作，将其等分为两个新的 Region，以分散存储压力。这一过程是自动进行的，无须人工干预，有效保证了 HBase 的扩展性和性能。

Region 服务器是 HBase 集群中的工作马达，负责存储和维护分配给它的 Region 集合。每个 Region 服务器通常管理着数十到数千个 Region，这些 Region 包含了表的一部分数据，按照行键的字典序排列。当客户端发起读写请求时，Region 服务器会根据请求中的行键定位到相应的 Region，并执行请求操作。Region 服务器之间的数据隔离确保了并发访问的高效性和数据的一致性。

为了支持如此大规模的数据访问，HBase 设计了一套高效的 Region 定位机制。每个 Region 都有一个唯一的标识符，由"表名 + 开始主键 + RegionID"组成，这使得客户端能够精确地找到所需数据的位置。此外，通过结合 Zookeeper 和 Master 的元数据管理能力，HBase 能够动态调整 Region 的分布，以应对数据量的变化，确保集群始终保持最佳的性能状态。

4. HBase 数据存储过程

在 HBase 的体系结构中，为了高效地管理和定位分布在集群中的海量数据，我们引入了两个关键的特殊目录表：-ROOT-和 .META. 。这两个表在 HBase 的元数据管理中扮演着至关重要的角色。

-ROOT-表是 HBase 元数据层次结构的最顶层，它存储着关于 .META. 表的位置信息。值得注意的是，-ROOT-表本身是不可分割的，这意味着在整个 HBase 集群中，始终只有一个-ROOT-Region 存在，且其位置由 Master 服务器直接管理。这种设计简化了最顶层的元数据访问逻辑，确保了-ROOT-表的高效查询。

.META. 表则位于元数据架构的第二层，它是连接用户数据表与 Region 服务器的桥梁。每个 .META. 表的条目详细记录了 Region 的标识符及负责托管该 Region 的 Region 服务器标识，这些信息共同构成了 Region 与 Region 服务器之间的映射关系。随着数据量的增长，.META. 表同样需要扩展以容纳更多的条目，因此它也会被分割成多个 Region，这些 Region 会被分发到不同的 Region 服务器上以实现负载均衡。

当客户端发起数据访问请求时，它首先需要通过一个精心设计的"三级寻址"过程来定位到目标数据所在的 Region 服务器。这个过程始于 Zookeeper 集群，客户端在 Zookeeper 上查找-ROOT-表的位置，这是访问任何 HBase 数据的起点。接着，客户端利用从-ROOT-表中检索到的信息，进一步查询 .META. 表以确定请求数据所在 Region 的具体位置。最后，通过访问 .META. 表中相应的条目，客户端能够获取到用户数据表 Region 的精确位置，并直接与该 Region 所在的 Region 服务器进行交互，从而完成数据的读写操作。

整个"三级寻址"机制是 HBase 实现高效数据访问的关键所在，它确保了即使在面对 PB 级数据时，客户端也能够迅速准确地定位到所需数据，从而满足大规模数据处理的实时性要求。

二、数据仓库

数据仓库，这一以 Data Warehouse 著称的概念，是企业决策支持体系中的核心组件，专为各级别决策制定流程提供全面而深入的数据支持。它构建为一个集中化的数据存储库，旨在通过整合、分析和报告各类数据，助力企业实现业务智能，进而在业务流程优化、时间管理、成本控制、质量监控及运营策略调整等方面发挥关键作用。

数据仓库的构建过程严谨且复杂，它并非简单地复制或汇总现有数据库中的数据。相反，这一过程涉及从多个分散的数据源中抽取数据，经过严格的清洗以消除数据不一致性和冗余，再通过一系列的系统化加工、汇总和整理步骤，最终形成一个统一、准确且全面的企业信息视图。这一过程确保了数据仓库内数据的一致性、完整性和时效性，使之成为企业决策层信赖的信息源泉。

数据仓库的核心价值在于其支持企业决策分析的能力。鉴于其设计初衷，数据仓库中的数据操作模式呈现显著的特点：查询操作极为频繁，而数据的修改和删除操作则相对较少。这是因为数据仓库一旦建立，其内的数据往往被长期保留，以满足持续性的分析需求。因此，数据仓库的维护主要集中在定期的数据加载和刷新上，以确保数据的时效性和准确性，同时减少了对数据进行日常修改或删除的必要。

数据仓库作为企业决策支持的关键基础设施，通过集中存储、整合和加工来自多个数据源的数据，为企业提供了强大的业务智能支持。其独特的数据操作模式——以查询为主，修改和删除为辅——充分反映了其在企业决策分析中的核心地位和重要作用。

（一）数据仓库的概念

数据仓库作为一种系统工程，其核心在于构建一个面向特定主题、高度集成、稳定且能反映历史变迁的数据集合，为管理决策提供强大支持。它超越了传统操作型数据库的局限，通过整合分散、异构的数据源，为用户提供了难以从日常运营系统中直接获取的当前及历史数据。这一数据集合利用联机分析处理、数据挖掘及快速报表生成等工具，深入剖析数据，提炼出对决策至关重要的洞察。

数据仓库并非单一产品，而是集成了多种技术与模块，旨在将操作型数据汇聚于统一的平台，确保决策数据的可访问性、可分析性及可挖掘性。它不同于大型数据库，其设计初衷在于深度挖掘数据价值，服务于复杂决策过程，强调数据的冗余存储以换取分析的高效性、数据的高质量、系统的可扩展性及面向主题的数据组织方式，从而在宏观层面促进企业信息的综合分析与高效利用。

随着企业信息化进程的加速，构建企业级数据仓库已成为众多组织的共识。这些仓库作为跨部门、跨地域、跨格式数据的统一存储中心，为管理者提供了全局性的数据视图，极大地增强了决策的科学性与综合性。市场上，Oracle、Business Objects、IBM、Sybase、Informix、NCR、Microsoft、SAS 等知名企业提供了多样化的数据仓库解决方案，助力企业构建高效、灵活的数据仓库系统，以应对日益复杂的数据挑战。

（二）数据仓库的构成

一个完整的数据仓库架构通常涵盖四个关键层次，它们协同工作，为企业提供高效、全面的数据支持服务。首先是数据源层，作为数据仓库的基石，它广泛吸纳来自外部数据库、现有业务系统、文档资料等多种渠道的数据，为后续的数据处理和分析奠定坚实基础。

其次是数据存储与管理层，这一层次聚焦于数据的集中存储与高效管理。它涵盖了数据仓库的构建与维护、数据集市的设计与实施，以及一系列检测、运行与维护工具的应用，确保数据的完整性、安全性和可用性。同时，元数据管理也是该层次的重要组成部分，它记录了数据的定义、来源、结构等关键信息，为数据的理解和使用提供了便利。

再次是数据服务层，该层致力于向前端工具和应用提供强大的数据支持。它不仅能够直接从数据仓库中检索数据供前端应用使用，还通过集成在线分析处服务器，为用户提供更为复杂和高效的数据服务。在线分析处理服务器以其多维数据集合和灵活的数据操作（如上钻、下探、切片、切块和旋转等）能力，显著提升了数据分析的深度和广度，降低了数据处理的复杂度，加速了查询响应速度。

最后是数据应用层，这一层次直接面向最终用户，提供丰富多样的数据工具和应用。它包括数据查询工具、自由报表工具、数据分析工具、数据挖掘工具及各类定制化的应用系统，旨在满足用户在不同场景下的数据探索、分析、决策支持等需求。通过这一层次，用户可以轻松访问并利用数据仓库中的宝贵资源，从而做出更加明智的业务决策。

（三）数据仓库工具（Hive）

Hive，一个根植于 Hadoop 生态中的数据仓库解决方案，最初由 Facebook 孕育，后由 Apache 软件基金会接手并持续推动其发展，成为 Apache 项目家族中一颗璀璨的开源明星。Hive 的核心设计理念是将 Hadoop 的分布式处理能力与传统 SQL 语言的易用性相结合，旨在为熟悉 SQL 的开发者铺设一条顺畅的道路，使他们能够无缝迁移至 Hadoop 平台，利用大数据的力量。

Hive 允许开发者在 Hadoop 分布式文件系统之上构建结构化的数据仓库，这些数据仓库存储的数据源自 HDFS 中存储的原始、非结构化或半结构化数据。Hive 通过引入 HiveQL——一种类似于 SQL 的查询语言，极大地简化了大数据查询与分析的过程。HiveQL 不仅支持数据的查询操作，还能执行数据转换、聚合等多种复杂的数据处理任务，这使得开发者能够以前所未有的灵活性探索数据价值。

在 Hive 的背后，隐藏着强大的转换机制。HiveQL 语句在执行时，会被 Hive 解析并转化为底层的 MapReduce 作业，利用 Hadoop 的并行处理能力加速数据处理过程。这种设计不仅保留了 Hadoop 处理大数据的能力，同时也降低了使用门槛，使得非 Hadoop 专家也能轻松上手进行大规模数据集的分析。

此外，Hive 还配备了一系列 ETL（提取、转换、加载）工具，这些工具进一步增强了 Hive 在数据处理流程中的灵活性与效率，使得数据的存储、查询与分析变得更加系统化和自动化。总之，Hive 作为 Hadoop 上的数据仓库平台，不仅简化了大数据分析的复杂度，还促进了 SQL 技能在大数据领域的广泛应用，是大数据处理与分析领域不可或缺的重要工具。

1. Hive 的工作原理

Hive 本质上充当了一个桥梁角色，将复杂的 MapReduce 编程模型与 HDFS 的分布式存储能力以用户友好的方式封装起来。用户通过提交 HiveQL 脚本，利用 Hive 的运行时环境将这些高级查询语句无缝转换成底层的 MapReduce 作业及 HDFS 的文件操作，进而提交给 Hadoop 集群执行。在这个过程中，Hive 表实质上映射为 HDFS 上的目录结构，每个表对应一个以其表名命名的文件夹，而对于分区表，则进一步将分区值映射为子文件夹，这使得 MapReduce 程序能够直接访问这些组织良好的数据。

Hive 通过将 HiveQL 查询语言转换为 MapReduce 任务，实现了对海量数据的高效批处理，这一特性尤其适合处理存储在数据仓库中的静态数据。数据仓库的本质在于存储历史数据以供分析，Hive 通过其批处理能力，完美契合了这一需求。此外，Hive 还扩展了其功能范围，提供了一套全面的数据提取、转换、加载工具集，使用户能够轻松地对存储在 HDFS 上的数据进行复杂的数据处理操作，包括但不限于数据的加载、查询及深入分析，从而极大地简化了大数据环境下的数据管理工作。

2. Hive 的数据组织

Hive，这一构建于 Hadoop 之上的数据仓库平台，其数据存储机制紧密依托于 Hadoop 文件系统，而 Hive 自身并不定义专属的数据存储格式，也不直接支持数据索引的建立，这赋予了用户极高的灵活性来组织表结构。用户仅需指定列分隔符和行分隔符，Hive 便能解析存储在 HDFS 中的数据。

Hive 的数据模型架构丰富，涵盖了表、外部表、分区及桶四大核心组件：

数据库在 HDFS 上体现为特定目录下的文件夹，由 hive. metastore. warehouse. dir 配置指定。

表则是数据库目录下的一个独立文件夹，每个表均拥有专属的存储位置。

外部表与表相似，但其数据可存储在 HDFS 的任意位置，创建时通过 LOCATION 指定路径，数据不会因表创建而移动，保留了数据的原始位置。

分区作为表的子目录存在，用于逻辑上划分数据，便于管理和查询优化。

桶则是基于哈希散列技术，将同一表或分区内的数据根据指定字段值分散存储到多个文件中，提升查询效率。

Hive 的元数据，包括表结构、分区信息、属性等，被存储在关系型数据库（如 MySQL）中，以满足多用户会话和复杂的生产环境需求。而实际数据则全部依赖于 HDFS 进行存储。Hive 的设计初衷在于处理大规模数据集，因此它主要支持批量数据导入，而非单条记录操作，且不支持数据更新，体现了其作为数据仓库工具的特性。尽管 Hive 提供有限索引功能以加速特定查询，但相较于传统数据库，其查询延迟较高，通常达到分钟级，不过，得益于 Hadoop 集群的支持，Hive 在可扩展性方面表现出色。

3. Hive 在企业中的部署和应用

Hadoop 生态系统在推动企业大数据分析平台的构建与发展中扮演着核心角色，其不仅广泛应用于云计算环境以应对海量数据处理的挑战，还早在多年前就被集成至企业大数据分析平台的设计与实现中。这些平台通过融合 Hadoop 的基础组件（如 HDFS 和 MapReduce），以及高级数据分析工具如 Hive、Pig、HBase 与 Mahout，共同支撑起多样化的业务分析需求。

在这一集成架构下，Hive 与 Pig 各司其职，共同服务于企业的报表中心。Hive 以其 SQL – like 的查询语言 HiveQL，简化了复杂数据分析的编写过程，成为报表分析的首选工具，使得非技术背景的业务分析师也能轻松进行数据洞察。而 Pig 则以其高级数据处理语言 Pig Latin，专注于报表生成过程中数据的清洗、转换等预处理工作，有效提升了数据处理的灵活性和效率。

鉴于 HDFS 在随机读写性能上的局限性，HBase 作为专为大规模数据集设计的列式存储数据库，被广泛应用于需要实时数据访问的场景，如在线业务处理。HBase 不仅支持高效的随机读写操作，还提供了丰富的数据模型，这使得企业能够快速响应市场变化，提升用户体验。

此外，Mahout 作为 Hadoop 生态系统中专注于机器学习的组件，为企业带来了丰富的算法库，覆盖了聚类、分类、推荐系统等商务智能领域的经典算法。Mahout 的设计初衷便是降低机器学习应用的开发门槛，让开发人员能够快速部署并优化商务智能解决方案，从而在企业决策支持、客户行为预测等方面发挥重要作用。

Hadoop 及其生态系统中的这些组件协同工作，共同构建了一个强大而灵活的企业大数据分析平台，不仅满足了企业对海量数据处理的基本需求，还通过高级数据分析工具的支持，推动了数据价值的深度挖掘与应用。

第六章
人工智能的高级应用

第一节　图像识别

一、图像识别技术

图像识别作为人工智能领域的关键分支，其发展历程跨越了文字识别、数字图像处理与识别阶段，直至现今的物体识别阶段。这一过程标志着图像识别从依赖人类肉眼转向借助计算机技术的深刻变革。面对社会信息量的爆炸式增长，人类自身的识别能力显得力不从心，从而催生了基于计算机的图像识别技术，它如同显微镜之于细胞研究，是科技进步满足现实需求的产物。图像识别技术的核心在于模拟人类识别图像的基本原理，通过计算机程序处理海量信息，以弥补人类在视觉识别上的局限。

实质上，图像识别技术的原理并不复杂，其挑战在于处理烦琐的信息。这一技术并非空中楼阁，而是学者们从生活实践中汲取灵感，通过编程实现的。与人类的图像识别机制相似，人工智能的图像识别也依赖于图像特征的提取与分类。人类识别图像时，大脑会迅速检索记忆中存储的图像类别及其特征，与当前图像进行匹配，这一过程在机器识别中同样存在，只是机器通过算法自动完成。机器通过精细分类和特征提取，剔除冗余信息，实现图像的快速准确识别。尽管机器识别的效率受特征显著度影响，但总体上，计算机视觉识别系统采用图像特征来描述图像内容，这一策略有效提升了处理大规模图像数据的能力。

二、图像识别技术的过程

计算机图像识别技术的流程与人类视觉处理图像的方式虽在底层机制上有所不同，但其核心步骤却展现出显著的相似性，主要包括信息获取、预处理、特征抽取与选择，以及分类器设计与分类决策。首先，信息获取阶段人们依赖于传感器技术，将外界的光、声等物理信号转换为电信号，即将现实世界中的图像信息转化为计算机可理解和处理的数字形式。其次，预处理步骤则是对这些原始数字图像进行处理，以消除噪声、平滑图像、进行必要的变换等，旨在增强图像的关键特征，为后续分析奠定基础。

再次，特征抽取与选择是图像识别中的关键环节，它涉及从复杂多变的图像中提炼出具有区分度的特征。这一过程类似于人类观察图像时自动提取关键信息以识别对象的行为。特征抽取旨在全面捕获图像的本质属性，而特征选择则是在此基础上筛选出对特定识别任务最为关键的特征，以减少冗余，提高识别效率。这一过程对于图像识别的准确性和效率至关重要。

复次是分类器设计阶段，我们通过训练算法从已知样本中学习并构建出一套识别规则。这些规则能够将图像的特征映射到预定义的类别上，这是实现高识别率的核心。最后，分类决策环节则是在特征空间中应用这些规则，对未知图像进行分类，明确其所属类别，完成整个识别过程。这一系列步骤共同构成了计算机图像识别技术的完整流程，每一步都紧密关联，共同作用于提升图像识别的准确性和效率。

三、图像识别技术的分析

（一）神经网络的图像识别技术

神经网络图像识别技术，作为现代图像识别领域的一项创新成果，巧妙地融合了传统图像识别方法与先进的人工神经网络算法。这里的"神经网络"特指人工神经网络，它是人类智慧对自然界生物神经网络结构的模拟与再现，而非生物体自然拥有的神经网络系统。在神经网络图像识别领域，遗传算法与BP（反向传播）网络相结合的模型尤为经典，广泛应用于多个行业领域，展现了强大的图像解析与分类能力。

在实际应用中，神经网络图像识别系统首先聚焦于图像特征的提取，这些特征随后被映射至神经网络模型中，以执行高效、准确的图像识别与分类任务。以汽车车牌自动识别技术为例，当车辆通过检测点时，车载或固定检测设备会即时响应，启动图像采集系统捕获车辆前后车牌的高清图像。捕获的图像随即被传输至计算机系统进行存储，为后续识别流程做准备。

车牌识别模块随后介入，通过复杂的图像处理技术定位车牌区域，并专注于车牌字符的精确识别。在这一关键环节，模板匹配算法与人工神经网络算法双管齐下，共同发挥作用。模板匹配算法通过预定义的车牌字符模板与待识别字符进行比对，实现初步识别；而人工神经网络算法则凭借其强大的学习与泛化能力，对字符特征进行深层次解析，进一步提升识别的准确性与鲁棒性。最终，系统整合两种算法的输出，显示车牌识别的最终结果，实现了高效、自动化的车牌识别流程。

（二）非线性降维的图像识别技术

计算机图像识别技术面临的一大挑战在于其处理对象的极端高维性，即便图像分辨率各异，其蕴含的数据本质上均是多维的，这为计算机高效识别带来了显著障碍。为了克服这一难题，降维成了提升计算机图像识别能力的关键途径。降维技术大致可分为线性降维与非线性降维两大类。

线性降维方法，如主成分分析和线性判别分析，以其简洁易懂著称，通过寻找数据集合的最优低维投影来实现降维。然而，这类方法处理的是整体数据集，计算复杂度较高，且可能消耗大量时间和空间资源。因此，在处理高度复杂和非线性的图像数据时，其效果往往受限。

为解决这一问题，非线性降维技术应运而生，成为图像识别领域的一大突破。这种技术能够捕捉图像数据的非线性结构，并在保持数据本征特性的同时实现有效降维，从而大幅降低计算维度，显著提升识别速度。在人脸图像识别等应用场景中，非线性降维技术尤为关键。由于人脸图像在高维空间中分布不均，传统方法难以高效处理，而非线性降维则能将这些图像映射到低维紧凑空间中，这不仅简化了计算，还增强了识别的准确性和效率，有效缓解了高维度带来的"灾难性"影响。

第二节　自然语言处理与理解

一、自然语言处理

随着互联网产业的蓬勃发展和传统产业信息化的加速推进，自然语言处理领域迎来了前所未有的发展机遇，吸引了大量研究力量与资金的注入，极大地推动了该领域技术与应用的双重飞跃。语言数据的爆炸式增长与语言资源的不断丰富，加之语言资源加工技术的日益精进，共同构筑了一个广阔的平台，促使研究人员不断探索创新，开发出多样化的语言处理技术和应用，并实施了更加全面深入的评测体系。特别是深度学习技术的迅猛发展，如同催化剂一般，激发了自然语言处理领域的新一轮探索热潮。同时，跨学科人才的拥入及工业界的积极参与，为自然语言处理注入了新鲜血液与创意灵感。此外，计算与存储技术的飞速进步，提供了前所未有的数据处理能力，使得构建复杂模型以应对大规模真实语言数据成为可能，进一步拓宽了自然语言处理的研究边界。

自然语言处理的研究范畴广泛，不仅涵盖了基础的词法、句法分析，还深入语音识别、机器翻译、自动问答、文本摘要等高级应用，并延伸至社交网络数据分析、知识图谱构建等前沿领域。其核心目标在于深入理解并模拟人类处理自然语言的全过程。近年来，随着技术的不断成熟，一系列基于自然语言处理技术的创新应用系统应运而生，这些系统不仅提升了信息处理的效率与准确性，更为人工智能的普及与应用开辟了新路径。

自然语言处理领域涵盖了自然语言理解和自然语言生成两大核心方面，前者致力于将人类语言转化为计算机可处理的格式，后者则专注于将计算机数据转换回人类可理解的自然语言形式。这一领域的研究内容广泛，与自然语言理解紧密相关，而自然语言生成常被视为机器翻译的一个关键组成部分，特别是在文本和语音翻译方面。依据不同的应用场景，自然语言处理可细分为多个研究方向：

文字识别（OCR）：利用计算机自动识别和转换印刷或手写文本为电子格式，涉及字符图像识别及高级语言理解技术。

语音识别（ASR）：将人类语音转换为书面文字，广泛应用于语音拨号、导航、设备控制、文档检索及数据录入等场景。

机器翻译：通过计算机程序实现自然语言间的自动转换，利用语料库技术提升翻译复杂度和准确性。

自动文摘：自动提炼文章核心内容生成摘要，常用机械文摘方法，依据文章特征提取关键句重组。

文本分类：根据预定义分类标准，利用计算机自动判断文本所属类别，包括学习和分类两个阶段。

信息检索：从大规模文档集中快速查找用户所需信息的过程。

信息获取：从结构化或半结构化文本中自动抽取特定信息，转换为结构化数据存入数据库，便于查询。

信息过滤：自动识别并过滤符合特定条件的文档，常用于网络有害信息的防护。

自然语言生成：将句法或语义信息转换为自然语言文本，是自然语言理解的逆过程。

中文自动分词：针对中文文本，自动划分词语边界，是中文 NLP 的基础步骤。

语音合成：将文本转换为语音，实现文语转换功能。

问答系统：理解用户问题，通过推理在知识库中寻找答案，结合多模态技术实现人机对话。

此外，自然语言处理还涵盖语言教学、词性标注、自动校对、讲话者识别与验证等多个研究方向，这些方向共同推动着自然语言处理技术的不断进步与应用拓展。

二、自然语言理解

语言，这一人类交流的工具，无论是以文字符号的序列呈现，还是以声音流动展现，其内在均蕴含着层次分明的结构。在文字层面，词素汇聚成词或词形，进而组合成词组乃至完整的句子；而在声音层面，音素构成音节，音节再串联成音词，最终汇聚为音句。这一系列构建过程，每一层次都紧密遵循着既定的文法规则，揭示了语言处理本质上应是一个逐层深入、层次分明的任务。

语言学，作为专门研究人类语言的学科，其研究范畴广泛，不仅深入探讨语言的结构构成、实际运用、社会功能及历史演变，还涉及与语言相关的诸多议题。对于自然语言理解而言，这不仅仅要求扎实的语言学理论基础，更需融入对所探讨话题的深厚背景知识。只有将这两方面的知识有机融合，我们才能搭建起高效、精准的自然语言理解系统。

纵观自然语言理解的发展历程，其研究轨迹清晰可辨，大致可分为三个阶段：初期萌芽于 20 世纪 40 至 50 年代，随后在 20 世纪 60 至 70 年代迎来快速发展，直至 20 世纪 80 年代以后，自然语言理解技术逐渐走向实用化，大规模应用于真实文本的处理中，标志着这一领域步入了全新的发展阶段。

（一）自然语言分析的层次

语言学家对自然语言的分析进行了层次分明的划分，这些层次从最基本的物理特征到高层次的语境理解，共同构成了语言的复杂全貌。首先，韵律学聚焦于语言的节奏与语调，尽管其形式化难度大且常被简化处理，但其在诗歌创作及语言习得初期（如儿童识字、婴儿学语）扮演着关键角色。其次，音韵学探讨构成语言的基本声音元素，对计算机语音识别与合成至关重要。

再次，词态学则深入单词内部结构，研究词素如何组合成词，包括前缀、后缀等如何改变词根意义，以及这些变化如何影响单词在句子中的功能，如时态、数等。语法层面，关注单词如何按规则组合成合法句子，这是语言学中形式化最为成熟、自动化实现最为成功的部分。

最后，语义学探讨的是语言单位的意义及其传达方式，而语用学则深入语言使用的实际场景，研究语言行为对听者的影响，揭示了语言交际中的微妙与复杂性。至于世界知识，它涵盖了广泛的背景信息，是理解语言交际完整含义不可或缺的一环。

尽管这些层次看似自然且遵循心理学原理，实则是对语言的一种人为划分，各层次间存在深刻的相互作用。例如，低层次的语调变化可能深刻影响表达意图，如讽刺的运用。语法与语义之间的界限模糊，我们需结合上下文方能精确解析，如"They are eating apples"这样的句子，其意义可随语境变化。

在自然语言理解程序中，我们通常经历三个关键阶段：解析阶段，我们通过句法分析构建句子的结构框架；语义解释阶段，我们利用概念图等工具生成文本意义的内部表示；最后，我们通过整合知识库信息，扩充句子含义的表示，为后续处理提供基础。这一过程综合了语言学的多层次分析，旨在准确捕捉并理解自然语言的丰富内涵。

（二）自然语言理解的层次

在自然语言理解领域，我们面临三大核心挑战：一是知识量的巨大需求，因语言紧密关联着复杂世界的关系，理解系统必须内置这些关系知识；二是语言的模式化特性，音素、单词、短语及句子遵循严格的结构规则，无序则无法沟通；三是语言行为的主体性，无论是人类还是计算机作为主体，其语言行为均根植于个体与社会交织的复杂环境，且带有明确目的。

从功能视角审视，自然语言理解旨在实现从自然语言到机器内部逻辑的有效映射，进而执行一系列高级任务，如精准回答问题、自动生成文本摘要、灵活释义输入信息及实现跨语言翻译等。这些功能共同构成了自然语言理解的宏观目标。

语言学家们通常将自然语言理解过程细化为五个层次：首先是语音分析，通过解析音素、音节，识别出词素或词；其次是词法分析，解析词汇结构，提取语言学特征；再次是句法分析，揭示句子结构，明确词与短语间的依赖关系；复次是语义分析，深入探索词义及其组合后的深层含义；最后是语用分析，考量语言使用的环境背景，理解语言与使用者间的动态关系。这五个层次层层递进，共同构成了自然语言理解的完整框架。

在句法分析阶段，自动技术如短语结构文法、格文法等被广泛应用，以解析句子结构，构建层次化的表达模型。而语用分析则侧重于构建讲话者与听话者模型，考虑多种不确定因素，挑战在于如何将这些复杂背景因素融入一个连贯的模型中，以全面理解语言的使用情境。

第三节　智能控制

一、智能控制概述

（一）智能控制的本质与定义

智能控制，作为一门新兴的交叉学科，其核心在于赋予控制系统模拟人类学习与自适应的能力。以下是我们对智能控制及其系统特性的精练概述：

智能控制的本质：智能控制是指智能机器在无须人工持续干预的情况下，能够自主或与人协同完成复杂任务，即便在未知或变化多端的环境中也能灵活应对，展现出高度的拟人化控制能力。

智能控制系统的定义：当智能机器被集成到生产流程的自动控制环节中，这一系统便被称为智能控制系统。它不仅仅是传统自动化系统的简单升级，而是融入了智能决策与自适应调节机制的高级系统，其具有以下特点。

学习与记忆能力：智能控制系统能够持续学习并存储经验知识，不断优化自身性能，以适应不断变化的控制需求。

广泛自适应与自组织：具备在大范围内自动调整参数、优化结构的能力，面对复杂多变的环境，能够自我组织、自我优化，确保系统稳定运行。

高效信息处理：有效整合、分析各类信息，降低不确定性因素的影响，为决策提供坚实的数据支持。

安全可靠：在规划、执行控制动作时，始终将安全置于首位，确保生产过程的连续性和产品的可靠性，同时追求最佳的性能指标。

智能控制及其系统以其独特的学习、自适应、信息处理及安全可靠等特性，为自动化领域带来了革命性的变革，推动着工业生产向更高效、更智能的方向发展。

（二）智能控制的结构

1. 智能控制的二元交集结构

"智能控制"是自动控制和人工智能的交集的结构，称为智能控制的二元交集结构。它可以表示如下：

$$IC = AI \cap AC \qquad\qquad (6-1)$$

式中，*IC* ——Intelligent Control（智能控制）；

$\quad$ *AI* ——Artificial Intelligence（人工智能）；

$\quad$ *AC* —Automatic Control（自动控制）。

我们可以看出，智能控制系统的设计就是要尽可能地把设计者和操作者所具有的与指定任务有关的智能转移到机器控制器上。由于二元交集结构简单，它是目前应用得最多最普遍的智能控制结构。

2. 智能控制的三元交集结构

将运筹学概念引入智能控制，使之成为三元交集中的一个子集，即

$$IC = AI \cap AC \cap OR \tag{6-2}$$

式中，*OR* ——Operation Research（运筹学），是一种定量化优化方法。它包括数学规划、图论、网络流、决策分析、排队论、存储论、对策论等内容。

三元交集结构强调了更高层次控制中调度、规划与管理的作用，为其递阶智能控制的提出奠定了基础。

3. 智能控制的四元交集结构

智能控制的四元交集结构，即

$$IC = AI \cap AC \cap OR \cap IT \tag{6-3}$$

式中，*IT* ——Information Theory（信息论）。

二、智能控制的形式

（一）模糊控制

模糊逻辑在控制工程中的应用，即模糊控制，是一种创新的控制策略，其核心在于模拟人类专家在面对复杂或不确定性高的被控系统时所采用的决策过程。模糊控制通过构建一系列以"如果（IF）条件满足，则（THEN）执行相应动作"的逻辑规则来模拟专家的控制策略，这些规则构成了控制知识的基础。

模糊控制系统的构建围绕着三个核心环节展开：模糊化、模糊决策与精确化计算。其运作流程可简述如下：

模糊化：此阶段负责将来自传感器的精确输入数据转换为模糊集合的形式。模糊化过程通过定义输入变量的隶属度函数，将具体的数值映射到模糊集合上，这些模糊集合代表了语言变量（如"大""小""适中"等），从而捕获了输入数据的不确定性或模糊性。

模糊决策：在模糊决策阶段，系统利用事先定义好的模糊控制规则（以 IF – THEN 语句形式表达）进行推理。这些规则基于专家经验或对系统动态特性的深入理解，指导系统在不同输入条件下应采取的控制行动。通过模糊逻辑推理引擎，系统能够综合考虑所有相关输入变量的模糊状态，并输出相应的模糊控制动作集。

精确化计算：最后，模糊控制输出需被转换回精确的控制信号，以便直接应用于被控对象。这一过程称为解模糊化或精确化计算，它通常聚合所有模糊控制输出的贡

献，并选择一个具有代表性的精确值来实现，如通过重心法、最大隶属度法等算法。

图6-1为模糊控制系统的一般架构，包括输入接口、模糊化模块、模糊推理机、规则库、解模糊化模块及输出接口。这个结构清晰地反映了模糊控制从接收精确输入到输出精确控制信号的整个流程，以及各环节之间如何协同工作以实现高效、灵活的控制策略。

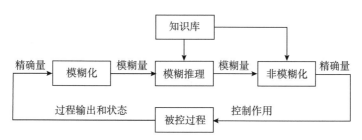

图6-1　模糊控制系统的一般结构

（二）分级递阶智能控制

分级递阶智能控制是从工程控制论角度，总结人工智能、自适应、自学习和自组织的关系后逐渐形成的。分级递阶智能控制可以分为基于知识解析混合多层智能控制理论和基于精度随智能提高而降低的分级递阶智能控制理论两类。前者可用于解决复杂离散时间系统的控制设计问题；后者由组织级、协调级和执行级组成（图6-2）。

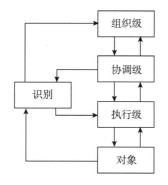

图6-2　分级递阶智能控制结构

在控制系统的分级递阶结构中，各级别扮演着不同的角色，共同协作以实现高效、灵活的控制策略。以下是各级别的精炼描述。

执行级直接与被控对象交互，负责具体控制任务的执行。这一级别通常需要依赖被控对象的较为准确的模型，以确保控制精度。因此，执行级多采用基于模型的常规控制器，如PID控制器等，来实现精确的控制指令输出。

协调级位于高层控制级与低层执行级之间，充当两者之间的桥梁。其主要职责是根据高层指令调整执行级的控制模式或其参数，以适应系统环境的变化或优化控制性能。与执行级不同，协调级不严格要求精确的被控对象模型，但强调学习和适应能力。它利用人工智能和运筹学的方法，如模糊逻辑、遗传算法等，来解析上级的模糊指令或符号语言，并据此调整执行级的行为。

组织级是整个控制系统的最高层，负责全局性的决策和规划。它专注于知识的表示与处理，运用高级的人工智能方法来管理控制策略的制定、知识的获取与更新等任务。在分级递阶的控制结构中，组织级将下一级视为其广义被控对象，通过智能控制策略来指导其行为。同时，对于更下一级（如执行级），组织级又可将其视为提供高级控制指令的智能控制器，这种层级间的相互作用促进了系统整体的协调与优化。

通过这样的分级递阶结构，控制系统能够高效地应对复杂多变的控制任务，既保证了控制的精确性，又提升了系统的灵活性和适应性。

（三）人工神经网络控制

人工神经网络，作为仿生学领域的杰出应用，致力于模拟人脑及智能系统中复杂的信息处理机制。这一技术构建由众多人工神经元组成的网络，这些神经元以并行方式互联，并通过可调节的连接权重相互作用，从而赋予网络一定的智能特性与仿人控制能力。人工神经网络的结构多样，其中，多层前馈神经网络、径向基函数网络及Hopfield网络等，均以其独特的架构在处理复杂任务中展现出显著优势。

尤为重要的是，人工神经网络具备强大的非线性映射能力，这意味着它能够近似模拟任何形式的非线性函数。这一特性使得神经网络不仅适用于构建精确反映非线性系统动态行为的模型，还能够作为高级控制器，在实时控制系统中发挥关键作用。通过学习和适应过程，神经网络能够不断优化其内部参数，以实现更高效的非线性系统建模与控制，从而拓宽了其在工程、科学及众多应用领域中的潜力。神经网络控制系统结构工作原理如下。

若图中输入输出满足下列关系

$$y = g(u) \tag{6-4}$$

则设计的目标是寻找控制量 u，使系统输出 y 与期望值 y_d 相等，因此系统控制量必须满足

$$u_d = g^{-1}(y_d) \tag{6-5}$$

若 $g(u)$ 是简单的函数，求解 u_d 并不难，但在多数情况下，$g(u)$ 形式未知，或难以找到 $g(u)$ 的反函数 $g^{-1}(u)$，这也是传统控制的局限性。若用神经网络模拟 $g^{-1}(u)$，则无论 $g(u)$ 是否已知，通过神经网络自学习能力，我们总可以找到 u_d（神经网络输出）作为被控对象的控制量。若用被控对象的实际输出与期望值输出的误差来控制神经网络学习，我们则可以调整神经网络加权系数，直至 $e = y_d - y = 0$。

（四）专家控制

专家系统，作为计算机科学的杰出成果，其核心在于模拟人类专家在特定领域内解决复杂问题的能力。这类系统内置了丰富的专家级知识库和经验数据库，能够模仿

专家的思维模式，运用专业知识进行逻辑推理与决策判断，从而有效应对该领域的难题。

专家控制，则是知识工程与自动控制技术深度融合的产物，它借鉴了专家系统的设计理念与技术手段，旨在将人类专家的控制智慧转化为自动化控制策略，实现对被控对象的精准操控。专家控制系统不仅具备完整的专家系统架构，还集成了强大的知识处理与实时控制功能，采用如黑板模型等高效结构来管理庞大的知识库与复杂的推理机制。该系统通常包含知识获取、学习子系统及高度交互的人机接口，以支持知识的不断更新与系统的持续优化。

而专家式控制器，作为专家控制系统的工业级简化版本，更加聚焦于特定控制任务或过程的实际需求。它侧重于启发式控制知识的开发与应用，通过精简的知识库和直观的推理逻辑，实现了实时算法与逻辑功能的有机结合。相较于复杂的专家控制系统，专家式控制器在保持高效控制性能的同时，大幅简化了系统结构与人机交互界面，更易于在工业环境中部署与应用，因此其在过程控制领域的应用日益广泛。图6-3为专家控制系统原理，凸显了其在自动化控制领域的重要价值。

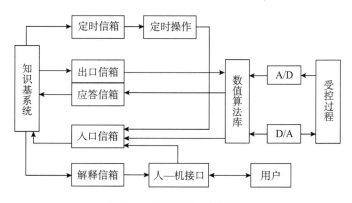

图6-3 专家控制系统原理

第七章

人工智能和大数据的未来发展

第一节　人工智能的未来展望

一、未来人工智能对工作的影响

（一）客户体验管理中智能手机和平板电脑的影响

在当今探讨客户关系的语境下，一个不可忽视的现象是，我们与周遭世界的紧密联系日益依赖于那些几乎形影不离的移动设备。这些智能设备——智能手机与平板电脑，自融入我们生活的那一刻起，便与互联网紧密相连，悄无声息地重塑了企业与客户之间的互动模式。

移动设备的广泛应用，不仅限于便捷地搜索旅行路线、在线比较商品、一键触达客户服务，还渗透到日常通知的即时发送、行政事务的高效处理等多个层面，其影响力之深广，几乎触及了生活的每一个角落。这些设备成了客户获取信息、表达需求、体验服务的新窗口，促使企业必须重新审视并优化与客户的互动策略，以适应这一数字化时代的新常态。

因此，企业若想深化客户关系，就必须精通利用移动技术的艺术，将移动设备作为连接客户的桥梁，不断创新服务模式，提升客户体验，从而在激烈的市场竞争中脱颖而出。

（二）CEM 不仅仅是一个软件包

CEM（客户体验管理）远不止于单纯的技术应用部署，它代表了一种革命性的客户关系管理策略，旨在动员整个企业组织，而非仅限于市场或销售部门，共同致力于实现"以客户为中心"的转型。这一范式转变强调，企业运作的每一个环节都应服务于提升客户体验，形成全方位的客户关怀网络。

CEM 通过深入挖掘客户旅程的每一个细节，无论是线上、线下还是消费过程中的互动，都力求精准捕捉并分析，以此为基础不断优化客户体验。这一深度与广度超越了传统 CRM（客户关系管理）的范畴，将客户体验管理提升到了企业战略层面，要求企业从各个层级协同工作，将"客户至上"作为核心哲学。

在此框架下，大数据成为驱动 CEM 策略的关键燃料。企业需整合各类接触点的数据资源，运用先进的数据管理和分析技术，为体验分析和流程优化提供坚实支撑。领先企业更是将人工智能引入这一领域，深度挖掘数据价值，进一步推动个性化体验的精准实现。

CEM 的核心原则在于个性化与互动性。它要求企业针对每位客户的独特需求，在其旅程的每个阶段提供量身定制、实时更新且高度互动的体验。为实现这一目标，CEM 依赖于定制化的工具与策略，通过跨渠道自动化和个性化方案，引导并满足客户的期望。

因此，构建一个跨部门的 CEM 团队至关重要，确保每位员工都能认识到自己在塑造卓越客户体验中的角色与责任。这种全员参与的文化，将客户体验置于企业运营的核心，推动企业从提供单一服务向创造个性化体验的根本性转变。

（三）CEM 的组成

客户交互：信息系统的即时连接纽带

客户交互作为信息系统的核心整合层，确保客户与信息源之间无缝联通。随着全球数字化进程的加速，移动性和即时性成为信息关键特征，客户期望能随时随地快速获取所需信息，涵盖产品详情、库存状态、活动预订、个人资料管理、行政服务访问乃至社交互动等方面信息。互联网作为最理想的媒介，正不断满足并塑造着这些日益增长的客户需求。

网络内容管理：个性化与策略驱动的展示

网络内容管理强调根据客户的个性化画像及企业的沟通策略定制内容。通过智能识别客户的地理位置、购买意向（如购物车内容）或购买旅程阶段，内容管理系统能够灵活调整呈现内容，以适配不同的用户旅程场景，优化销售对话体验。

电商网站 App：定制化设计的双重维度

电商网站 App 的设计精髓在于其高度定制化的用户体验，这要求明确区分表示层（负责内容的呈现方式与浏览逻辑）与交互管理层（处理数据交换与商业规则的执行）。这种区分是实现内容动态定制与流畅浏览体验的基础，缺失这一环节将极大限制应用的灵活性与用户满意度。

大数据湖：CEM 的数据基石

CEM（客户体验管理）系统的运行依赖于庞大的数据资源，包括联系信息、交易记录等。这些数据形式多样、规模不一，处理这些数据的常见方案包括：

基于 Hadoop 技术的大数据架构，支持多样化数据格式（日志、邮件、多媒体等）。

数据湖，一种在读取时动态结构化的数据存储方式。

数据管理平台，融合了上述两者优势，提供综合的数据处理能力。

人工智能推荐系统：CEM 的分析与优化引擎

作为 CEM 架构中的分析核心，人工智能推荐系统致力于通过数据分析算法（涵盖数据挖掘与机器学习技术）与智能推荐引擎，不断优化客户体验。在数据分析模块的指导下，推荐引擎能够精准识别客户需求，提供个性化推荐，从而实现客户体验的最大化优化。这一过程是 CEM 实现精准营销与深度客户洞察的关键所在。

（四）支持智能生产的人工智能

随着科技的飞速发展，人工智能机器人正逐渐成为公众关注的焦点，而在此之前，大数据及其高效利用早已成为社会热议的话题。人工智能与大数据之间，并非孤立的概念，而是紧密相连、互为因果的。从深度学习技术高度依赖训练数据，到信息爆炸时代未经分析的数据价值流失，再到物联网设备激增引发的数据处理挑战，无一不彰显了两者的紧密联系。

面对海量且未经充分分析的大数据，若拥有一种能够执行大规模、均质、定量分析的人工智能，其能力堪比甚至超越人类，这无疑将为人类社会带来巨大的裨益。起初，人们对于"弱人工智能"的认知停留在辅助性工具的层面，认为它虽幽默聪明，但不足以威胁到人类的地位。然而，当话题转向"强人工智能"——能够全面模拟甚至超越人类智慧时，人们的态度便转为了谨慎与反思，开始探讨如何安全、有效地整合与利用这一技术。

解决之道在于重新审视现有的工作流程、方法及业务架构，进行必要的解构与重构。具体而言，就是将那些人工智能能够胜任且能显著提升效率、成本效益或带来前所未有的优势（如精度、速度、质量的提升或均衡化）的任务交给 AI 处理。同时，我们利用 AI 对整体业务流程及效果进行评估与优化，形成持续的改进循环。

对于白领阶层而言，人工智能的融入将深刻改变他们的工作方式，尤其是在企划、商品服务设计、研发、市场调查及危机应对等领域。这些领域多年以来一直是"知识管理"研究的重点，强调信息的有效加工与运用。

个人或团队在处理信息时，实质上是执行了一个从"输入信息"到"输出信息"的转化过程，而这一过程的关键在于拥有恰当的知识作为"加工手册"或"操作指南"。这些知识如同工厂中的机器与操作手册，指导我们如何对输入信息进行高效处理，最终转化为行动或决策。知识的真正价值，在于它能够被随时查阅、应用，并引导我们做出正确的判断与行动。

二、未来人工智能对企业的影响

（一）无人驾驶汽车的发展

多年来，生产商不懈努力，将前沿科技融入客车与公共交通领域，旨在极大提升民众的日常出行便利性。随着汽车、飞机、火车等交通工具在技术创新驱动下变得更加可靠与高效，出行体验正经历着深刻变革。

现代汽车已成为高度集成的科技产品，它们联网互通，装备了传感器、雷达、摄像头、GPS 导航及先进的巡航控制系统等。这一领域的显著进步，尤以自动驾驶汽车的发展最为瞩目，其终极愿景是实现无需人类驾驶员的完全自动化出行。这一转型旨在多重维度上优化交通：增强道路安全、优化交通流量、重塑汽车使用模式，以及缩短人们通勤的时间，使之得以更高效地被利用。

道路安全是推进自动驾驶的核心驱动力之一。鉴于超过80%的交通事故源于人为错误，自动驾驶汽车的引入有望显著降低事故率。它们具备更快的反应速度、更理性的决策能力，能有效避免超速及不可预测行为，从而构建更加安全的道路环境。

自动驾驶的全面普及还将深刻影响城市交通格局，减少拥堵现象。车辆间的联网互动将确保交通流畅，加之汽车能自动寻找停车位，避免路边停车，进一步提升了道路使用效率。这一变革还可能促使驾驶技能不再是必备技能，年龄、健康等限制条件也将不再成为障碍。同时，现有公共交通模式或将面临调整，个人拥有汽车的必要性降低，通过提升汽车共享与利用效率，人们可在通勤途中进行更多高效活动，如视频会议。

尽管自动驾驶汽车的前景光明，但其推广仍面临法律与道德层面的挑战。首要问题是事故责任归属，当驾驶员角色淡化，责任界定成为新议题。其次，面对突发情况（如儿童突然横穿马路），自动驾驶系统如何做出安全响应，也是亟待解决的问题。此外，技术安全尤其是黑客攻击风险，也是不容忽视的挑战。

自动驾驶汽车的技术基础在于其强大的感知能力，这依赖雷达探测器、传感器、摄像头等设备的协同工作。它们共同构建车辆周围环境的三维模型，精准识别道路标志、障碍物，并实时调整行驶策略。在复杂天气条件下，激光雷达展现出超越传统雷达的视野优势，确保行车安全。同时，车辆内部的传感器与摄像头则负责解析信号灯、行人等交通要素，为自动驾驶决策提供关键信息。

面对每年因交通事故导致的百万级伤亡与数千万人受伤，自动驾驶技术的潜力在于通过人工智能大幅减少人为错误，拯救生命。此外，它还带来了环保、经济等多重效益，如优化燃料利用、减少车辆维护成本，甚至可能降低私家车保有量，推动共享经济模式的发展。

回顾历史，汽车自20世纪二三十年代进入大众市场以来，其伴随的伤亡问题便激发了人们对自动驾驶的憧憬。尽管自动驾驶的探索始于20世纪40年代，但直至20世纪70年代微处理器技术的突破，其才真正开启了可行之路。而今，面对感知技术等核心难题，现代机器学习技术成为解锁自动驾驶未来的关键。无人驾驶汽车不仅是科技的结晶，更是对未来出行方式的深刻重塑。

（二）智能制造

智能制造在信息的输入、传播与扩散过程中扮演着至关重要的角色。当海外技术考察的员工将出差报告发送回国内公司总部研究所时，这一信息的流动便触发了智能制造机制。为了精准捕捉并利用报告中对技术开发战略有益的信息，公司需借助智能制造单元进行深入的信息加工：追加调查、分析输入数据、精炼初始信息，并最终形成决策判断，输出为新的文档资料。这一系列流程深刻体现了信息在智能制造体系中的流转与增值，将研发策略、专利布局等无形知识转化为有形的文字处理文件，实现知识的价值最大化。

在大型组织架构内，多个智能制造单元协同作战，动态调整合作模式，共同应对复杂的信息处理与问题解决挑战。这一过程中，探索并构建适应智能制造新要求的知识体系成为关键任务，它要求我们不断挖掘和创新，填补以往的知识空白。

当前，人们对于能够处理非结构化数据（如文本、音频、图像）的人工智能寄予厚望，期待其具备自主检索、分类、概括及数据转换（如图像转文本、文本图表化）的能力。这样的人工智能将如同一位不知疲倦的助手，全天候搜罗内外部信息，精准筛选、排序，并辅助问题解决，极大地提升信息处理效率与知识应用水平。

随着人工智能结构的优化，信息处理量、知识积累及处理速度都将迎来质的飞跃。更重要的是，通过对原始数据的深度挖掘与智能分析，业务流程可能经历根本性变革，变得更加高效与透明。然而，值得注意的是，人类的信息处理与表达能力有其固有局限，难以瞬间飞跃。因此，理想的人工智能应作为人类的智能延伸，弥补人类在处理信息时的疏忽与不足，实现人机协同的最佳状态。这种兼具自主性与辅助性的人工智能，我们称之为"智能体"，它将成为未来智能制造与信息处理领域的核心力量。

三、未来人工智能对社会生活的影响

（一）智能个人助理（或代理）

智能个人助理，作为现代科技的结晶，正逐步融入我们的日常生活，扮演着高效处理日常事务的重要角色。其核心特性可概括为以下几点。

自主性：在用户的明确控制下，智能个人助理能够自主执行任务，但任务的授权级别完全由用户决定，确保了操作的合规性与对用户隐私的尊重。

环境适应性：面对动态变化的环境，智能个人助理能够灵活应对，比如自动处理过期密码的重置流程，同时及时通知并引导用户完成必要步骤，体现了高度的智能化与人性化。

协作能力：无论是与其他软件助手还是人类用户，智能个人助理都能实现无缝协作，共同完成复杂任务，展现了其强大的团队合作潜力。

持续学习：通过不断学习机制，智能个人助理能够自我优化，提升任务执行效率与质量，确保服务的持续优化与个性化。

智能个人助理的核心在于其知识库与行动能力的结合，它们能够明确目标、规划行动路径，并在必要时执行计划。此外，智能个人助理间的互联互通预示着一个新的网络时代——"智能互联网"的到来，这一网络将更加深入地理解用户需求，无论是显性的还是隐性的。

当前市场上，谷歌助手、Siri、微软小娜等智能个人助理已展现出强大的功能，它们不仅能够与其他助理通信、适应不同环境、理解用户上下文，还能提供多样化服务。这些工具借助机器学习技术，从用户输入及自身收集的数据中不断学习，为用户提供精准的推荐与建议。随着技术的进步，它们将更频繁地出现在家庭场景中，通过声音识别技术与用户建立紧密联系，执行从日程管理到餐饮预订等一系列日常任务。

尤为值得一提的是，智能个人助理已具备预测变化与风险的能力，能够提前规划并应对潜在挑战，如在外出预约时实时分析交通状况，确保行程的顺畅无阻。这一能力使其从简单的工具升级为真正的个人或家庭助手，极大地提升了生活的便捷性与效率。最新研究亦表明，智能个人助理的普及率正迅速上升，成为智能手机用户不可或缺的一部分。

（二）图像和声音识别

图像识别作为互联网革命性信息传递方式的一部分，其重要性日益凸显。随着每天在互联网上分享的图像数量激增，我们越来越依赖于图像来传达信息、理解世界，甚至进行决策。因此，仅仅分析文字已经无法满足我们的需求，图像解析能力变得至关重要。

图像识别技术不仅是一个营销概念，它已经在多个领域实现了广泛应用，如面部识别、机器人技术、翻译和广告等。这些应用不仅提高了我们的工作效率，还丰富了我们的日常生活体验。

要学习神经网络以应用于图像识别，我们需要遵循一系列步骤。第一，收集学习数据是整个过程的基础，也是最具挑战性的一步。我们需要收集大量已被确认的数据，这些数据将用于创建和训练模型。

第二，建模是定义目标模型特征的关键步骤。在这一步中，我们需要提取与模型相关的变量，如图像的几何形状、主要颜色等。这些变量的准确性和相关性将直接影响模型的性能。

第三，我们还需要根据这些变量来确定神经网络的特征，包括类型和层数。这一步需要深入的技术知识和对世界的深刻理解。

第四，网络配置和设置是重要环节。我们需要根据学习数据和确认数据之间的关系来配置网络，并设置相应的参数。这将有助于确保模型在训练过程中能够有效地学习并适应数据。

第五，进入学习阶段后，我们的目标是给模型提供足够的数据进行训练和确认。通过比较模型的预测结果和预期结果，我们可以不断调整模型的参数以提高其准确性。这是一个迭代的过程，需要耐心和细致的工作。

第六，输出（预测）是检验模型是否可靠、是否训练良好的关键步骤。在这一步中，我们将模型应用于新的数据集以评估其性能。如果模型的预测结果与实际结果相符程度较高，则说明模型已经训练良好并具备可靠的预测能力。

对于图像识别来说，神经网络通过多层连续处理来逐步解析图像信息。从最初的像素级特征（如颜色和轮廓）开始，逐渐过渡到更复杂的形状和对象识别。这种逐层处理的方式使得神经网络能够深入理解图像内容并做出准确的预测。

学习神经网络并应用于图像识别是一个复杂而有趣的过程。通过遵循上述步骤并不断实践和调整，我们可以逐步掌握这项技术并将其应用于更广泛的领域。

（三）推荐工具

推荐系统在现代电商环境中扮演着至关重要的角色，其核心目标是通过提高转换率（即购买者与访客之间的比率）来提升电商网站的商业效率。转换率不仅反映了电商平台的运营效果，还直接体现了其提供给互联网用户的产品（商品或服务）是否精准匹配了用户的预期和需求。

传统上，电商推荐主要依据客户的特征或他们已加入购物车的产品。然而，随着技术的进步和用户需求的日益多样化，电商推荐策略也在不断进化。现代推荐系统不再局限于这些基础方法，而是开始利用更广泛的数据源和更复杂的算法来提供更加个性化和精准的推荐。

为了提高转换率或购物车平均商品量，电商网站开始尝试交叉销售和追加销售策略。这些策略通过推荐与当前浏览产品相似的其他用户购买的产品、与产品相关的文章或其他用户的推荐产品，来激发用户的购买欲望并增加购买量。然而，要实现这一目标并不容易，因为给客户推荐的产品存在无数种可能性，需要借助强大的推荐算法来筛选出最符合用户需求的产品。

协同过滤作为构建推荐系统的一种主流方法，其核心思想是通过比较互联网用户之间的相似性来预测他们可能感兴趣的产品。协同过滤可以利用多种数据源来生成推荐，包括用户的声明数据（如评分、喜好等）数据和（如访问的页面、频率、购物车内容、访问时长等）。这些数据为推荐算法提供了丰富的信息基础，使其能够更准确地理解用户需求和偏好。

在协同过滤中，有三种主要的客户交互方法被用于生成推荐：声明式、模型式和混合式。声明式方法基于客户对他们喜欢或购买产品的声明性数据来预测他们的兴趣；模型式方法则只关注购买行为本身，认为这种实际发生的行为更能反映用户的真实需求；而混合式方法则结合了前两者的优点，既考虑了声明性数据又考虑了购买行为数据，从而能够在降低劣势的同时充分利用每种方法的优势。

为了实现协同过滤并构建顾客概况以推荐最适合的产品，电商网站需要采用正规或非正规的方法来识别互联网用户。这些方法可能包括分析用户的浏览行为、购买历史、社交媒体活动等多种数据源来构建用户画像。通过这些画像信息，推荐系统能够更准确地理解用户需求和偏好并生成个性化的推荐内容。

推荐系统在现代电商环境中具有不可替代的作用。通过不断优化推荐算法和策略并利用更广泛的数据源来构建用户画像和生成个性化推荐内容，电商网站可以进一步提升转换率和商业效率从而满足用户的多样化需求并实现可持续发展。

第二节　我国大数据战略的未来发展

一、实施国家大数据战略

（一）实施国家大数据战略的新成效

近年来，我国大数据战略在国家政策的强有力支持下，取得了令人瞩目的多方面成就。首先，产业集聚效应初步形成，国家八大大数据综合实验区的建设显著推动了地方特色产业的集聚发展。不同区域根据自身优势，如京津冀与珠三角跨区综合试验区注重数据要素的自由流通，而上海、重庆、河南和沈阳则聚焦于数据资源的统筹管理与产业集聚的深化。内蒙古自治区更是依托其独特的能源与气候条件，加速大数据产业的跨越式发展，展现了强大的基础设施统筹能力。

其次，大数据技术的广泛应用催生了众多新业态与新模式，特别是在服务业领域，我国已走在世界前列。基于大数据的互联网金融与精准营销迅速普及，为消费者提供了更加个性化和高效的服务体验。在智慧物流交通领域，通过实时数据匹配技术，我们有效提升了货主、乘客与司机之间的连接效率，推动了物流交通行业的智能化升级。

再次，大数据技术与传统产业的深度融合步伐显著加快。铁路、电力、制造业等传统行业积极拥抱信息技术，通过大数据赋能实现转型升级。例如，高铁推出的"高铁线上订餐"等服务，不仅丰富了乘客的出行体验，也体现了大数据在提升服务品质方面的巨大潜力。电力企业则通过推广智能电表等智能化设备，实现了企业运营效率与利润的双重提升。

最后，在技术创新方面，我国也取得了显著进展。互联网龙头企业凭借强大的技术实力，成功构建了超大规模的大数据平台，并通过云服务向外界开放自身的技术服务能力和资源。在深度学习、人工智能、语音识别等前沿技术领域，我国企业更是积极布局，抢占技术制高点，为大数据产业的持续健康发展奠定了坚实基础。

（二）实施国家大数据战略面临的挑战

在推进我国国家大数据战略的过程中，确实存在着一系列显著的挑战，这些挑战不仅关乎技术层面，更涉及法律、管理和政策等多个维度。以下是我们对挑战的进一步阐述与补充。

1. 数据权属与隐私保护问题

权属界定模糊：随着大数据的广泛应用，数据的产生、收集、处理、存储和流通等环节中，各参与方的权利与责任边界变得模糊不清。个人数据、企业数据、公共数据之间的界限不清晰，导致数据权属争议频发。

隐私保护缺失：在数据流通和利用过程中，个人隐私保护成为一大难题。如何在保障数据价值最大化的同时，有效保护个人隐私不被侵犯，是当前亟待解决的问题。此外，数据泄露、非法买卖个人信息等违法行为也时有发生，严重威胁个人信息安全。

2. 数据爆炸与处理能力不匹配

数据存储压力：随着数据量的爆炸式增长，传统的数据存储方式已难以满足需求。如何构建高效、可扩展的数据存储系统，以应对海量数据的挑战，是我们当前面临的重要挑战。

数据处理能力有限：尽管硬件性能在不断提升，但面对指数级增长的数据量，数据处理能力仍显不足。如何提升数据处理速度、优化数据处理算法、降低数据处理成本，是大数据应用中的关键课题。

3. 数据共享与开放机制不健全

政府与企业壁垒：政府与企业之间在数据资源共享方面存在壁垒，导致数据孤岛现象严重。政府数据开放程度不足，企业数据难以获取，限制了大数据应用的广度和深度。

数据标准不统一：不同行业、不同领域之间的数据标准差异较大，难以实现数据的互联互通和共享利用。这不仅增加了数据整合的难度，也降低了数据资源的整体价值。

针对上述挑战，我们需要采取一系列措施加以应对：

完善数据法律法规体系，明确数据权属、隐私保护等方面的法律规定，为大数据发展提供法律保障。

加强数据存储和处理技术的研发与应用，提升数据存储能力和处理效率，满足大数据应用的需求。

推动政府数据开放和企业数据共享，打破数据壁垒，促进数据资源的互联互通和共享利用。

建立统一的数据标准和规范体系，促进不同行业、不同领域之间的数据共享和互操作。

加强数据安全防护和监管力度，防范数据泄露和非法利用等风险，保障数据安全和个人隐私。

（三）更好实施大数据战略政策的建议

1. 完善机制与制度，更好发挥政府作用

针对体制机制、产业政策、试点示范、资源共享、发展环境及数据安全等方面的建议，以下是我们经过整合与精炼的阐述：

（1）体制机制方面

建议成立由国务院领导挂帅的国家大数据战略领导小组，全面领导并协调全国大

数据发展的战略规划、政策制定与实施监督。领导小组下设专项办公室，负责日常管理与协调工作，并设立大数据专家咨询委员会，为决策提供智力支持。

（2）产业政策方面

出台一系列鼓励数字经济发展的优惠政策，包括税收优惠、资金补贴等，同时创新监管模式，确保数字经济健康有序发展。加强重点人群的大数据应用能力培训，提升其专业素养，为数字经济创造更多高质量就业岗位。

（3）试点示范方面

在环境治理、食品安全、市场监管、健康医疗、社保就业、教育文化、交通旅游、工业制造等多个关键领域开展大数据试点项目，通过示范引领，推动大数据技术在各行业的广泛应用与深度融合，以点带面提升全社会的大数据应用能力。

（4）资源共享方面

遵循"逻辑统一、物理分散"的原则，构建国家一体化大数据中心和国家互联网大数据平台，打破数据壁垒，促进政府与企业之间数据资源的双向流通与共享。制定数据共享标准与规范，确保数据共享过程中的安全性与合规性。

（5）发展环境方面

加快部署新一代信息基础设施，优化升级我国的信息网络环境。明确政府在大数据开发与利用中的权责边界，制定"负面清单""权力清单"和"责任清单"，为大数据产业发展提供清晰的政策指引。同时，建立科学的统计与评估体系，定期发布大数据产业发展报告，营造良好的舆论氛围，避免大数据概念的过度炒作，确保大数据产业健康、可持续地发展。

（6）数据安全方面

深入贯彻《中华人民共和国网络安全法》，建立健全国家关键基础设施的信息安全保护体系。明确监管机构与关键基础设施行业主管部门的职责分工，加强信息安全监督与管理。推动国产软硬件在大数据领域的应用与普及，提升我国大数据产业的安全可控水平，有效防范外部风险与威胁。

2. 对企业分类施策，发挥市场资源配置决定性作用

①强化互联网龙头企业的领航效应。百度、腾讯、阿里、京东等领军企业，凭借其深厚的技术底蕴与人才资源，以及卓越的数据处理能力，已成为推动我国大数据技术进步的核心引擎。我们应鼓励这些企业如同提供传统基础设施般，向各产业领域输出高效、经济的大数据服务，助力传统企业转型升级，提升整体竞争力。

②深挖行业领军企业的数据与用户富矿。电力、交通、金融等领域的行业巨头，坐拥庞大的用户群体与海量数据资源，是我国大数据战略实施的宝贵资产。我们需促进这些企业与互联网龙头的紧密合作，借助其技术优势，深入挖掘数据价值，增强自身竞争力，并辐射带动中小企业共同成长。

③凸显通信运营商在大数据发展中的基石作用。中国移动、电信、联通等通信运

营商，凭借全球领先的用户规模与数据积累，构成了我国信息社会的重要基石。我们应激励它们发挥网络优势，促进移动互联网、云计算、大数据、物联网等技术的深度融合与应用，为智慧城市、交通、能源、教育、医疗、制造、旅游等多元领域的创新发展注入强劲动力。

3. 激发社会组织活力，构建新型协作关系

为了提升政府与社会组织在信息采集、共享与应用方面的协作效率，我们需构建一套互动机制，旨在提升社会组织的大数据应用认知与能力。此机制将促进双方紧密合作，共同推进社会事业的精准化进程，提高资金使用效率。同时，我们积极寻求与大数据技术领先企业的合作，以技术创新驱动社会事业进步，确保资源精准投放，服务高效供给。此外，针对大数据领域的发展需求，我们高度重视科技引领作用，汇聚科研机构与事业单位的智慧与资源，强化大数据基础理论、方法与技术的研究，致力于攻克关键技术难题，推动大数据技术在社会各领域的广泛应用与深度融合。

4. 提升公民数据意识和能力，推动"数字公民"建设

通过为每位公民分配一个专属的数字身份，我们能够构建一个更加个性化与智慧化的服务体系，确保公民能够便捷地获取量身定制的精准服务。此举不仅提升了政府公共服务的精确度与效率，还促进了社会治理模式的深刻变革，向更加精细化和智能化的方向迈进。

同时，为了充分发挥这一数字身份系统的潜力，我们必须致力于提升公民的数据素养。这意味着要增强公民对数据权利的认知与理解，使他们充分认识到自身数据的重要性及保护数据安全的必要性。在此基础上，我们还应积极培养公民的大数据应用能力，鼓励他们学习如何利用数据资源来优化生活、提高工作效率，进而在全社会范围内形成尊重数据、善用数据的良好氛围。通过这一系列努力，我们不仅能够推动社会治理的现代化进程，还能为构建更加和谐、高效的社会环境奠定坚实基础。

二、我国的大数据优势及实施策略

（一）我国的大数据优势

近十年来，网络上非结构化与半结构化数据的爆炸性增长凸显了大数据时代的来临。这些数据背后关联着错综复杂的社交网络与人群行为，而我国虽已具备大数据发展的基础条件，但在数据的收集、分析、应用及管理方面尚显不足，与发达国家存在显著差距。长期以来，我们偏重定性分析与主观观点，轻视定量数据与客观事实，导致数据质量参差不齐，公信力受损。然而，大数据的真正价值远非其庞大的容量，更在于通过深度挖掘与分析，能够揭示隐藏的知识、创造新价值，推动大知识、大科学、大利润与大发展的实现。大数据不仅是信息技术的革新，更是推动政府透明化、企业创新加速、社会深刻变革的强大动力。

面对全球大数据浪潮，中国政府和企业在多个领域的雄心壮志应延伸至大数据领域，把握未来十年的转型机遇。大数据将深刻改变几乎所有行业的运作模式，为早期布局者带来显著的竞争优势。随着电子化、数字化时代的逐渐过渡，数据已成为新时

代的核心资源，这要求我们从追求计算速度转向追求大数据处理能力，从编程主导的软件设计转向以数据为中心的创新。科研领域亦迎来变革，数据密集型研究成为继实验、理论与计算机模拟之后的第四大科研范式，尤其在基因组学、蛋白组学、天体物理及脑科学等领域，海量数据成为推动科学新发现的关键。

为应对大数据带来的挑战与机遇，我国需政府强力推动，做好顶层设计，将大数据提升至国家战略高度，构建数据中国。这要求我们在立法、产业政策、技术研发等多方面综合施策，同时，建立开放合作的大数据生态系统至关重要。科技界、工业界与政府部门需携手并进，打破壁垒，成立联盟，建立专业组织，共同营造健康、和谐的大数据发展环境，以应对大数据时代带来的深刻变革。

（二）大数据应用体系

1. 基础层

构建一个全方位的大数据支撑体系，旨在为多层次的研究开发与应用奠定坚实基础。该体系涵盖了从数据准备到应用推广的各个环节，具体包括：

首先，建立大数据准备与预分析系统，该系统聚焦于为明确的商业目标搜集并整理所需的海量数据资源。通过深入的数据质量评估与分布特征分析，结合多维度的数据仓库探索性关联分析，我们为后续的深度数据挖掘工作精心准备高质量的数据集。这些数据集广泛来自业务数据库、文本文档、互联网资源、情景信息、图形图像及各类新兴大数据源，确保了数据的全面性与时效性。

其次，强化数据采集、处理与装载流程。我们高效地从多元化数据源中捕获数据，运用先进的集成技术、清洗策略与格式化处理方法，确保数据的准确性、一致性与可用性。经过精心处理的数据被装载成易于挖掘与分析的大型数据集，为后续的数据洞察与价值挖掘提供坚实支撑。

最后，构建以数据为核心的管理制度与企业文化。我们倡导通过数据驱动决策、促进知识共享与利用的理念，树立大数据资源观，并建立起一套完善的大数据管理制度。该制度不仅保障了大数据应用全链条的顺畅运行与持续优化，还鼓励了最佳实践的创新与分享，促进了大数据应用生态的良性循环发展。通过这一系列举措，我们为大数据在各个领域的研究开发与应用推广提供了强有力的支持与保障。

2. 技术层

技术层作为大数据应用的核心支撑，涵盖了一系列关键技术组件，这些组件共同促进了大数据价值的深度挖掘与广泛应用。具体而言，技术层集成了大数据挖掘算法的优化与创新，如决策树、多目标线性规划方法等，以揭示数据背后的深层知识与洞察；同时，注重知识的有效表达技术，确保所获知识能够跨越部门与组织界限，实现无障碍分享与应用。此外，云存储技术的研发为海量数据及其衍生知识的安全存储与高效访问提供了坚实保障，既保护了个人隐私，又满足了社会各层面的多样化需求。云计算技术的引入，则进一步推动了大数据的降维处理、统计分析及集成计算能力，促进了知识融合与创新，生成了更为丰富且有价值的新知识体系。最后，智能推送技术的研发，旨在实现大数据隐含信息及知识在最佳时机精准推送，为构建智慧城市等前沿服务提供了强大的技术驱动力。

3. 方法层

方法层依托于以人为主、人机深度融合的综合集成理念，通过整合技术层提供的各类功能模块，精心构建大数据管理的核心流程链，涵盖从知识的初步获取，到知识的精准表达与安全存储，再到知识与大数据的深度融合与集成，直至知识的最终应用与转化等关键环节。在此基础上，方法层致力于构建云知识库这一知识管理平台，它不仅承载了海量的显性知识，还实现了专家隐性知识与数据挖掘技术所揭示的模式知识的无缝集成。通过这一平台，方法层能够高效地为应用层提供丰富、精准的知识资源与决策支持信息，推动大数据价值的最大化实现。

4. 应用层

依托先进的大数据管理平台与流程体系，我们实现了大数据管理与业务流程的深度集成，构建起一套高效的数据驱动机制。这一机制确保了大数据及其挖掘成果能够无缝融入市场分析、社会安全、电子商务、新产品研发、金融信用分析等多个关键领域，以系统化的方式推动这些领域的创新发展。

在实践应用中，我们不断探索与发现新问题，针对这些问题对大数据管理模式进行持续优化与改进。这一过程不仅促进了大数据技术与业务需求的紧密结合，还增强了大数据应用的灵活性与适应性。同时，通过反馈机制的建立，我们能够及时收集并分析应用效果，将实践经验转化为改进大数据管理的宝贵财富，从而形成一个良性互动、持续优化的循环体系。

在这一循环体系的驱动下，大数据的价值得以最大化释放，为各个领域的决策制定、风险评估、产品创新等提供了强有力的支持。我们坚信，随着大数据技术的不断进步与应用领域的不断拓展，这一循环体系将发挥更加重要的作用，为社会的可持续发展贡献更大的力量。

三、大数据未来发展的主要领域

（一）大数据存储

大数据的 PB 级规模要求海量数据存储系统具备高度可扩展性，以匹配其庞大的数据量。这种扩展性需设计得既强大又便捷，能够无缝地通过添加模块或磁盘柜来扩充容量，且过程无须中断服务，确保系统持续稳定运行。面对当前互联网中数据日益异质异构、无结构化的发展趋势，图像、视频、音频、文本等多样化数据呈指数级增长，对存储系统构成了巨大挑战。这些海量异构数据的激增不仅消耗了大量系统资源，还显著降低了整体运行效率。鉴于新数据类型层出不穷，用户需求趋向多样化，分布式存储技术已成为处理海量异构数据的主流选择。然而，现有的存储架构在面对数据爆炸性增长时仍显捉襟见肘，静态的存储方案难以适应数据的动态演变需求。因此，针对海量分布式数据的存储与查询技术，我们仍需持续深入研究，以探索更高效、更灵活的解决方案。

（二）数据安全与隐私保护

在当今互联网迅猛发展的背景下，数据安全作为大数据管理架构的基石，其重要性日益凸显。随着互联网疆域的不断扩张，数据量与应用的激增犹如潮水般汹涌而来，这无疑为动态数据安全监控与隐私保护构筑了前所未有的挑战壁垒。大数据分析对跨领域、多维度数据融合的迫切需求，促使了前所未有的数据混合访问模式，这一转变虽为洞察提供了前所未有的深度与广度，但同时也催生了一系列新兴且复杂的安全考量。

为了应对这些挑战，云安全联盟（CSA）——这一汇聚了顶尖科技企业与公共部门智慧的联盟，已前瞻性地设立了大数据工作组。该工作组肩负着探索与创新的使命，致力于挖掘并推广针对数据中心安全与隐私保护难题的创新解决方案。通过整合行业最佳实践、技术创新与政策导向，CSA 大数据工作组力求构建一套全面、高效的安全防护体系，以守护大数据时代的数据安全与隐私权益，推动大数据应用的健康、可持续发展。

（三）大数据整合技术

在数据源层与分析层之间增设存储管理层，旨在强化数据质量并提升查询效率，但同时也伴随着不容忽视的数据迁移与执行连接成本。这一架构要求数据历经烦琐且耗时的 ETL 流程，被精心组织并存储于数据仓库中，随后在 OLAP 服务器内转化为高效的星形或雪花模型。然而，当执行分析任务时，数据又需通过连接操作从数据库中被提取出来，这一过程在 TB 级数据量时或许尚可接受，但面对大数据环境，其执行时间将急剧增加，可能延长数个数量级。尤为关键的是，对于即时性要求极高的分析需求，传统的数据移动与计算模式显然捉襟见肘，我们亟需革新以提升响应速度与灵活性。

（四）大数据与云计算

云计算，这一基于互联网的服务提供模式，象征着计算资源与服务的新纪元。它不仅仅是网络与基础设施的抽象比喻，更代表了 IT 资源与服务交付方式的根本变革。从狭义上讲，云计算通过网络实现了 IT 基础设施的灵活获取与扩展；而广义上，它则涵盖了所有通过网络按需提供的服务，这些服务跨越了 IT、软件、互联网乃至更广泛的领域，将计算能力商品化，使其在互联网上自由流通。

云计算体系由动态可升级、高度虚拟化的资源构成，这些资源为所有用户所共享，且访问便捷，无须用户深入了解其背后的技术细节，只需根据自身需求租赁即可。作为继个人计算机革命、互联网浪潮之后的第三次 IT 变革，云计算正深刻改变着人们的生活方式、生产模式及商业形态，成为中国战略性新兴产业的关键一环，吸引着全球科技巨头与本土领先企业的竞相布局与探索。

与此同时，云计算与大数据作为相辅相成的技术力量，共同塑造着数字时代的未来。尽管它们在概念上有所区分——云计算侧重于 IT 架构的革新，而大数据则聚焦于业务模式的转变——但两者紧密相连，大数据依赖于云计算的强大基础设施来支撑其高效运行。在目标受众上，云计算更多面向 IT 决策者，而大数据则直击业务领导层，助力他们在激烈的市场竞争中占据先机。

面对当前全球 IT 领域的发展机遇与挑战，如何更好地融合云计算与大数据技术，深入挖掘大数据的潜在价值，成了亟待解决的关键问题。这不仅需要技术创新与突破，更需要跨界合作与生态构建，共同推动这一新兴技术领域的蓬勃发展，为智慧地球与数字经济的实现贡献力量。

参考文献

［1］ 刘丽，鲁斌，李继荣. 人工智能原理及应用［M］. 北京：北京邮电大学出版社，2023.

［2］ 袁方. 人工智能与社会发展［M］. 保定：河北大学出版社，2023.

［3］ 薛亚许. 大数据与人工智能研究［M］. 长春：吉林大学出版社，2023.

［4］ 孙伟平，戴益斌. 人工智能的价值反思［M］. 上海：上海大学出版社，2023.

［5］ 张贵红. 大数据与人类未来［M］. 天津：天津人民出版社，2023.

［6］ 张晓燕. 大数据原理及实践［M］. 上海：上海财经大学出版社，2023.

［7］ 李少波，杨静. 大数据技术原理与实践［M］. 武汉：华中科学技术大学出版社，2023.

［8］ 吕云翔，姚泽良，谢吉力. 大数据可视化技术与应用［M］. 北京：机械工业出版社，2023.

［9］ 袁红春，梅海彬，张天蛟. 人工智能应用与开发［M］. 上海：上海交通大学出版社，2022.

［10］ 徐卫，庄浩，程之颖. 人工智能算法基础［M］. 北京：机械工业出版社，2022.

［11］ 陈静，徐丽丽，田钧. 人工智能基础与应用［M］. 北京：北京理工大学出版社，2022.

［12］ 卢盛荣，黄志强，陈雪云. 人工智能与计算机基础［M］. 北京：北京邮电大学出版社，2022.

［13］ 谷宇. 人工智能基础［M］. 北京：机械工业出版社，2022.

［14］ 郭畅，杨君普，王宇航. 大数据技术［M］. 北京：中国商业出版社，2022.

［15］ 刘春燕，司晓梅. 大数据导论［M］. 武汉：华中科技大学出版社，2022.

［16］ 童杰，冉孟廷，肖欢. 大数据采集与数据处理［M］. 上海：上海交通大学出版社，2022.

［17］ 郭军. 信息搜索与人工智能［M］. 北京：北京邮电大学出版社，2022.

［18］ 袁强，张晓云，秦界. 人工智能技术基础及应用［M］. 郑州：黄河水利出版社，2022.

［19］ 江兆银. 大数据技术与应用研究［M］. 西安：陕西科学技术出版社，2022.

［20］ 马谦伟，赵鑫，郭世龙. 大数据技术与应用研究［M］. 长春：吉林摄影出版社，2022.

［21］ 罗森林，潘丽敏. 大数据分析理论与技术［M］. 北京：北京理工大学出版社，2022.

［22］ 陈亚娟，胡竟，周福亮. 人工智能技术与应用［M］. 北京：北京理工大学出版社，2021.

［23］ 姚金玲，阎红. 人工智能技术基础［M］. 重庆：重庆大学出版社，2021.

［24］ 周俊，秦工，熊才高. 人工智能基础及应用［M］. 武汉：华中科技大学出版社，2021.

［25］ 徐洁磐，徐梦溪. 人工智能导论［M］. 2版. 北京：中国铁道出版社，2021.

［26］ 施苑英，蒋军敏，石薇. 大数据技术及应用［M］. 北京：机械工业出版社，2021.

［27］ 黄寿孟，尤新华，黄家琴. 大数据应用基础［M］. 西安：西北工业大学出版社，2021.

［28］ 刘铭. 大数据基础［M］. 东营：中国石油大学出版社，2021.

［29］ 王志. 大数据技术基础［M］. 武汉：华中科技大学出版社，2021.

［30］ 朱二喜，华驰，余勇. 大数据导论［M］. 北京：机械工业出版社，2021.

［31］ 王克强，蔡肯，林钦永. 人工智能原理及应用［M］. 天津：天津科学技术出版社，2021.

［32］ 关景新，姜源，孟真. 人工智能导论［M］. 北京：机械工业出版社，2021.

［33］ 杨和稳. 人工智能算法研究与应用［M］. 南京：东南大学出版社，2021.

［34］王健，赵国生，赵中楠. 人工智能导论［M］. 北京：机械工业出版社，2021.

［35］朱晓晶. 大数据应用研究［M］. 成都：四川大学出版社，2021.

［36］李春芳，石民勇. 大数据技术导论［M］. 北京：中国传媒大学出版社，2021.

［37］李建敦，吕品，汪鑫. 大数据技术与应用导论［M］. 北京：机械工业出版社，2021.

［38］罗少甫，董明，谢娜娜. 大数据基础与应用［M］. 2 版. 北京：北京邮电大学出版社，2021.

［39］王瑞民. 大数据安全技术与管理［M］. 北京：机械工业出版社，2021.

［40］吕波. 大数据可视化技术［M］. 北京：机械工业出版社，2021.

［41］丁艳. 人工智能基础与应用［M］. 北京：机械工业出版社，2020.

［42］顾永才，王斌义. 人工智能概论［M］. 北京：首都经济贸易大学出版社，2020.

［43］王静逸. 分布式人工智能［M］. 北京：机械工业出版社，2020.

［44］高金锋，魏长宝. 人工智能与计算机基础［M］. 成都：电子科学技术大学出版社，2020.

［45］刘刚，张呆峰，周庆国. 人工智能导论［M］. 北京：北京邮电大学出版社，2020.

［46］周苏，张泳. 人工智能导论［M］. 北京：机械工业出版社，2020.

［47］杨杰. 人工智能基础［M］. 北京：机械工业出版社，2020.

［48］关景新，高健，张中洲. 人工智能控制技术［M］. 北京：机械工业出版社，2020.